ゼロから理解する

食肉の基本

家畜の飼育・病気と安全・流通ビジネス

すぐわかる すごくわかる!

西村敏英 監修

誠文堂新光社

ゼロから理解する食肉の基本

第1章

食肉とは

第2章 食肉のおいしさをつくる

第3章 肉の栄養

第4章 世界の肉食文化

第5章 食肉生産の現場から

第6章 食肉ができるまで

第7章 安全・安心への取り組み

第8章

食肉のビジネス

参考ページ

コラム

日本人の食生活は、この数十年で様変わりし、
肉が食卓にならぶことも多くなった。
記念日やお祝いなどの特別な日に、
ステーキや焼肉を食べるという人もいるだろう。
日本人は、よりおいしく、より手軽な肉をもとめて、
様々な研究や改良をすすめ、
海外からも注目される「日本の肉」をつくりあげてきた。
肉は、とてもおいしい。
肉を食べることは、とても楽しい。
おいしい肉を食べに行ってきます！

第1章

食肉とは

牛、豚、鶏を筆頭に、そのほかの家畜や家禽、そして野生動物も含めて、食肉には様々な種類がある。同じ動物の肉でも、部位によって味も食感も変わる。おいしく食べるのに重要なのは、それぞれの部位に合わせた調理法だ。

栄養価の高い食品「食肉」

1年間に食べる量は30キロ

食肉として利用されるのは、動物の筋肉である。筋肉は、骨に付いて体を動かす骨格筋、消化管などに分布する平滑筋、心臓をつくる心筋の3つに分けられる。構造のちがいから横紋筋と平滑筋に分けられ、骨格筋と心筋は横紋筋に属する。つまり、焼肉店でお馴染みのホルモン（大・小腸）などの消化管やハツ（心臓）、ノドスジ（食道）などの内臓肉も含め、食用とする筋肉の総称を食肉ということができる。

食肉には、鹿やイノシシなどの野生動物も含まれるが、一般的には、家畜と家禽（鶏の仲間）であり、なかでもその骨格筋をさす。

家畜の種類としては、牛、豚、馬、羊、山羊や、家禽は鶏、アヒル、鴨などだが、日本国内で流通量が多いのは、豚肉、鶏肉、牛肉の順。この3種類以外の食肉はわずか1％に満たない。食料需給表（農林水産省）によると、2011（平成23）年度の肉類の1人当り年間供給量（概算値）は29・6キロで、内訳は豚肉11・9キロ、鶏肉11・4キロ、牛肉6・0キロ、その他の肉0・2キロとなっている。

良質なタンパク質が豊富

食肉の成分は、家畜の種類、年齢、性別、栄養状態、部位によって異なるが、水分65～70％、タンパク質20％、脂肪10～15％、無機質1％で、三大栄養素の一つである炭水化物がほとんど含まれていないのが特徴。食肉に含まれるタンパク質には、人が生きていくのに欠かせない必須アミノ酸が豊富に含まれている。含有割合は少ないものの、無機質にはカリウム、カルシウム、マグネシウム、鉄、リンなど多くのミネラルやビタミンを含む栄養価の高い食品である。

枝肉、部分肉、精肉

家畜や家禽（鶏）を食肉として流通させるには、食肉センターや食鳥処理場でと畜・処理しなければいけないことが法律（食品衛生法、と畜場法、食鳥検査法など）で定められている。

食肉になる過程で、様々な用語が使われている。豚の場合で説明すると、と畜後、内臓、皮、頭、足を取り除いて、脊椎を中央から二等分したものを枝肉《えだにく》という。それを冷やしたあと、カタ、ロース、バラ、モモに4分割して骨を外す。それをさらに分割、整形したものが部分肉またはカット肉。部分肉をさらに小割り・整形したあと、ブロック肉、切り身、スライス肉などの精肉として商品化され、店頭に並ぶ。部分肉の多くは、真空包装されて段ボールに入れて流通するので、ボックスミートとも呼ばれる。

食肉需給の推移

肉類の年度別需給

		年　度	1975	1985	1998	2001	2004	2007	2010	2011(概算)
肉類		需要量（万ｔ）	288	432	554	550	552	560	577	586
		生産量（万ｔ）	220	349	305	293	303	313	322	317
		1人1年供給純食料(kg)	17.9	22.9	28.1	27.8	27.8	28.2	29.1	29.6
	牛肉	需要量（万ｔ）	42	77	150	130	116	118	122	125
		生産量（万ｔ）	34	56	53	47	51	51	51	51
		1人1年供給純食料(kg)	2.5	3.9	7.3	6.3	5.6	5.7	5.9	6.0
	豚肉	需要量（万ｔ）	119	181	214	224	249	239	242	246
		生産量（万ｔ）	102	156	129	123	126	125	128	128
		1人1年供給純食料(kg)	7.3	9.3	10.4	10.8	12.0	11.6	11.7	11.9
	鶏肉	需要量（万ｔ）	78	147	180	189	181	197	209	210
		生産量（万ｔ）	76	135	122	122	124	136	142	138
		1人1年供給純食料(kg)	5.3	8.4	9.9	10.4	9.8	10.7	11.3	11.4

注．肉類の需要量および生産量は枝肉ベースである　（資料：農林水産省「食料需給表」および「食料・農業・農村基本計画」）

１年間に日本人１人が食べる量は約 30kg

牛肉の部位

牛肉は13の部位に分かれる

スーパーや食肉店の店頭で、牛のイラストにロースとかモモなどの部位名が書いてある看板をよく見かける。たいていはごく大ざっぱな分割図で、あれだけ見ても普通の消費者にはピンとこないことも多そうだが、あれが基本形だ。

牛の枝肉（8頁）は、カタ、ロイン、バラ、モモの4つに分けられる。このあと、それぞれ脱骨され、筋肉のかたまりに沿って部分肉と呼ばれるパーツに分割されていく。カタなら、ネック、カタロース、カタ、カタバラ、スネの5つに――という具合だ。農林水産省が法律（畜産物の価格安定等に関する法律＝畜安法）に基づいて定める「牛部分肉取引規格」では、ネック、かたロース、かた、リブロース、サーロイン、ヒレ、かたばら、ともばら、うちもも、しんたま、そともも、らんいち、すねの13部位に分けられる（部位名の表記は同規格による）。らんいちとはランプと、いちぼでできている部位。黒毛和種という種類の牛では、いちばん重い部位はともばらで30キロくらい。サーロインは6～7キロだ。

かつては肉屋さんが枝肉をさばいた

実は牛肉は1960年代あたりまでは枝肉流通が基本で、小売店や料理店などには枝肉を身卸《みおろ》し（脱骨して分割すること）できる技術者がいた。しかし、消費量の拡大、スーパーの台頭などとともに、より流通に便利な部分肉による取引が一般化した。さらに1980年代後半からは、スーパーや外食産業での需要を中心に、部分肉をさらに小さく小割りした形での流通も増えてきた。こうした需要を背景に、1991（平成3）年には枝肉を約30のパーツに分けたコマーシャル規格もつくられた。

なお、部分肉の呼称は地域により異なる場合がある。代表的なのは関西と関東のちがいで、たとえば関東のヒレ、カタロース、シンタマは、関西でそれぞれヘレ、クラシタロース、トンビ、マルなどと呼ばれることが多い。

値段の安い部位、高い部位のちがいとは？

部位の使い分けは、筋肉線維がかたい部分は煮込み料理などに、やわらかい部分ほど短時間でさっと焼くような用途に、というのが基本。代表的なかたい部位であり価格が安いスネも、長時間かけて加熱すると、スジの部分に含まれるコラーゲンなどの結合組織が溶けだし、高級部位のロインなどでは味わえないおいしさになる。つまり、現在の価格の高い・安いは、品質やおいしさのちがいではなく、需要の強弱による差といえる。安い部位を買い、少し手間をかけてもおいしく調理して食べることが、「牛肉の達人」になる秘訣である。

牛肉の13 部位

① ネック
② カタロース
③ カタ
④ リブロース
⑤ サーロイン
⑥ ヒレ
⑦a カタバラ
⑦b トモバラ
⑧a ウチモモ
⑧b シンタマ
⑨ ソトモモ
⑩ ランイチ
⑪ スネ

牛の部位別料理法

余熱でふっくら、ジューシー

牛肉は、それぞれの部位の特徴が比較的はっきりしている。部位の持ち味を生かした調理で、おいしくいただこう。

牛肉に限らず、肉は一般的に加熱するとかたくなる。これはタンパク質が変成して凝固するためである。さらに加熱すると、肉の組織が崩壊する。煮込み料理で肉がやわらかくなるのは、こうした理由からだ。

日本では、肉はよく焼くものと考えられてきた。しかし、豚肉の場合に問題となる寄生虫でも、70℃以上で加熱すれば死滅するとされており、過剰に加熱する必要はない。でも、内部まで確実に火を通すことは重要だ。高温で調理すると、表面だけが焦げて中は生焼けということもある。

肉がかたくならず、ふっくらとジューシーに加熱するにはどうすればいいか。最も効果的なのは、余熱を使うことだ。この余熱調理法をまじえながら、各部位のおいしい食べ方を紹介していく。

ロース、カルビ、サーロイン

ロースやカルビには一般的にサシ（赤身に脂肪が交じっている（霜降り）の度合い）が入っていて、脂肪が多い。和牛4・5等級であれば、その脂肪分は50％にもなる。脂肪は焼くと融解して一部が溶け出すが、タンパク質と異なり凝固することはない。そのため、ロースやカルビはかたくなりにくく、食感のやわらかさを楽しむことができる。

和牛はもともと肉や脂肪にうま味があるので、ニンニクと塩コショウで焼くといったシンプルな食べ方で十分だ。もし口のなかに脂肪が残る感じがあるときは、レモンなどの柑橘系と合わせたり、生野菜を添えたりすることで、さっぱりと味わうことができる。

サーロインはきめが細かくてやわらかく、ステーキには最適だ。厚めのステーキをレアで焼きたいときは、余熱をうまく使うこと。余熱の利用で「レア感」を残しながら中まで熱が通り、やわらかくふっくらとしたステーキになる。

モモ、スネ、スジなど

モモ肉はカルビやロースに比べると脂肪が少なく、ヘルシーな部位だ。左頁のレシピのように、サッと火にかけたあと余熱でじっくりと中まで火を通すことで、モモ肉はかたくならず、やわらかさと味わいのあるローストビーフとなる。

スネ肉やスジなどのかたい部位は、ワイン煮込みやおでんなどの煮込み料理に向いている。じっくりと長時間煮込むことでタンパク質（結合組織）の崩壊がはじまり、スネ肉やスジなどがやわらかくなる。

食肉とは

牛肉を使ったレシピ

簡単ローストビーフ

【材料（4人前）】
牛モモ肉ブロック　500g
〈たれ〉
みりん　100cc
醤油　300cc
酒　100cc
〈付け合わせ〉
ベビーリーフ　適量

つくり方

❶ 厚手の蓋つきの直径 16 ～ 18cm 位の鍋を用意する（余熱調理の場合は鍋の大きさ厚さが大切）
❷ たれの材料を全て鍋に入れ火にかけ沸騰させる
❸ ❷のたれの中に肉を入れ 10 分中火で煮る
❸ 肉をひっくり返して 8 分煮る
❹ 火を止めて必ず蓋をして冷めるまで鍋の中に入れておく
❺ 残った煮汁を少し煮詰める。好みで砂糖やみりんなどを加えて甘くしてもおいしい
❻ ベビーリーフの上に肉を盛り、❺の煮汁をかけていただく

料理監修：おばま由紀

牛の副生物と料理

焼肉店の人気アイテム

食肉は、牛などの家畜が、と畜された後、採取される。その過程で、枝肉とは別に内臓や骨、血液、頭部、四肢、脂などの副生物ができる（108頁）。牛1頭（生体）の重量を700キロとすると、副生物は約220キロ（32％）、その約3分の1、70キロ程度が食べることのできる内臓である。生体全体でも約10％の重量を占めており、経済的にも決して軽くはない。最近は、焼肉などの普及により、内臓のおいしさや栄養価が見直されてきているのは、喜ばしいことだ。

牛の内臓の部位として流通しているものは次頁のとおりだが、ポピュラーな部位としてはレバー、ミノ、小腸、シマチョウ、ハラミ、サガリ、タン、テールなどがあげられる。これらはいずれも焼肉店の人気アイテムとなっている。

高タンパク・低脂肪で栄養豊富なレバー

レバーは赤褐色でやわらかく、高タンパク・低脂肪な部位。鉄分やビタミンAも豊富に含まれる。その濃厚な食感のファンは多く、焼肉店でも人気を集めている。ほかにも和風串焼き、中華の炒め物、フレンチやイタリアンのソテーやパテと、幅広い料理に使えるのが強み。人気が高じて、レバ刺しなどの生食を珍重する人も少なくなかったが、2011（平成23）年に焼肉チェーン店でユッケを原因食とする腸管出血性大腸菌・集団食中毒が発生。それに伴い、今のところ加熱以外に有効な予防法がないとして、厚生労働省が2012年7月にレバーの生食用としての販売・提供を禁止した。

ミノは、和牛よりも乳用種

ミノは牛のもつ4つの胃のなかの第1胃。乳白色をした袋状のなかの、とくに厚みのある底の部分（マウンテンチェーンという）が、歯ごたえのよさで、レバーと並ぶ焼肉店の定番メニューともなっている。ちなみに牛の内臓類は、レバーにしてもタンにしてもテールにしても、肉と同様、和牛（黒毛和種）のものが上質でおいしいとされるが、例外がこのミノ。穀物飼料で育つ和牛は、粗飼料で飼育される乳用種に比べて胃の負担が軽くてすむため、胃の筋肉の発達が弱くなり、厚みも増さない。その点、乳用種のミノは厚く、歯ごたえもよくなるというわけだ。

ほかの胃（第2～4胃）も基本的に焼肉や煮込み料理になる。最近は第2胃（ハチノス）が、イタリア料理店などで煮込み料理、トリッパとして出されており、若い人にも抵抗なく受け入れられている。このほか、小腸や大腸、サガリ、ハラミなども、焼肉の人気部位だ。タンやテールは、洋風のシチューにしても絶品である。

牛の副生物

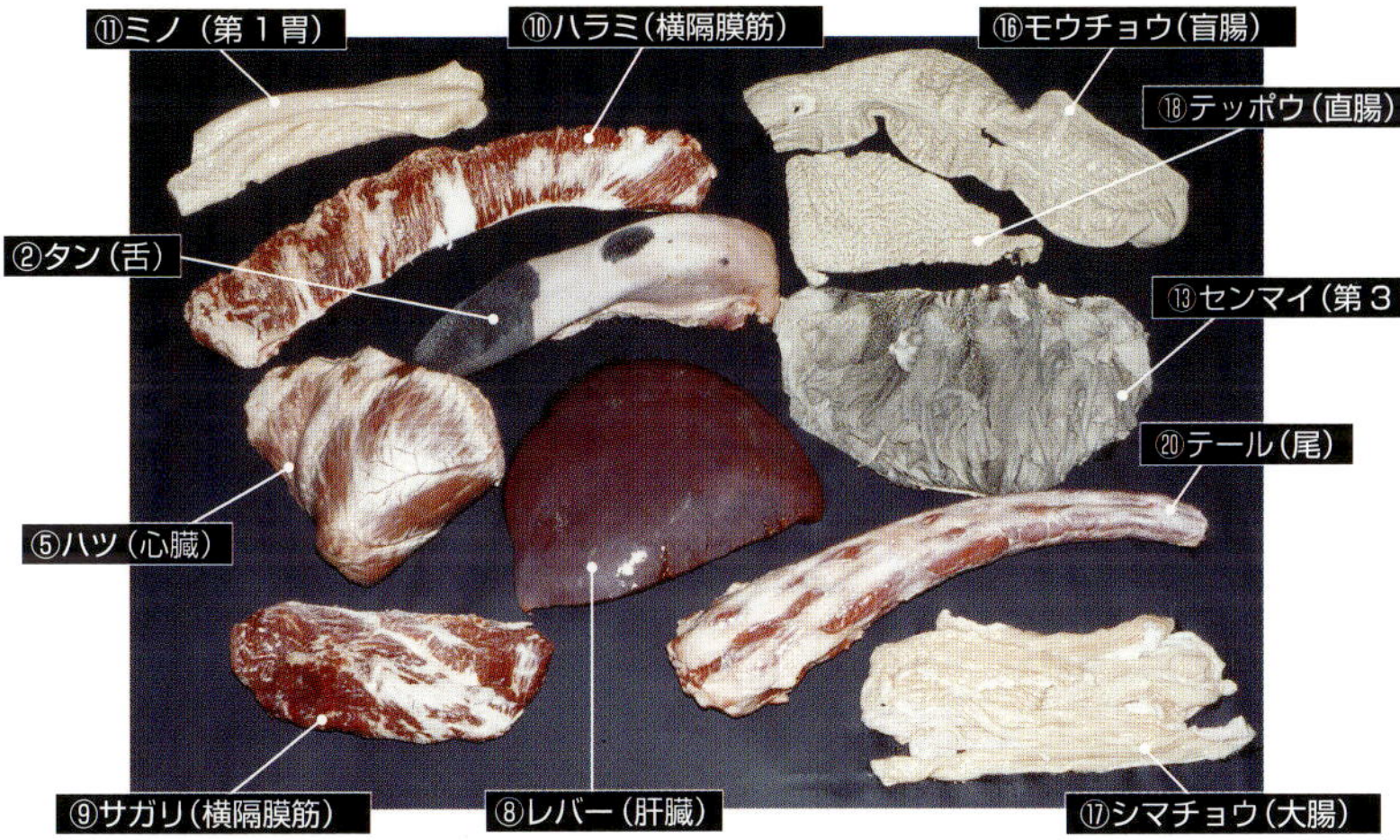

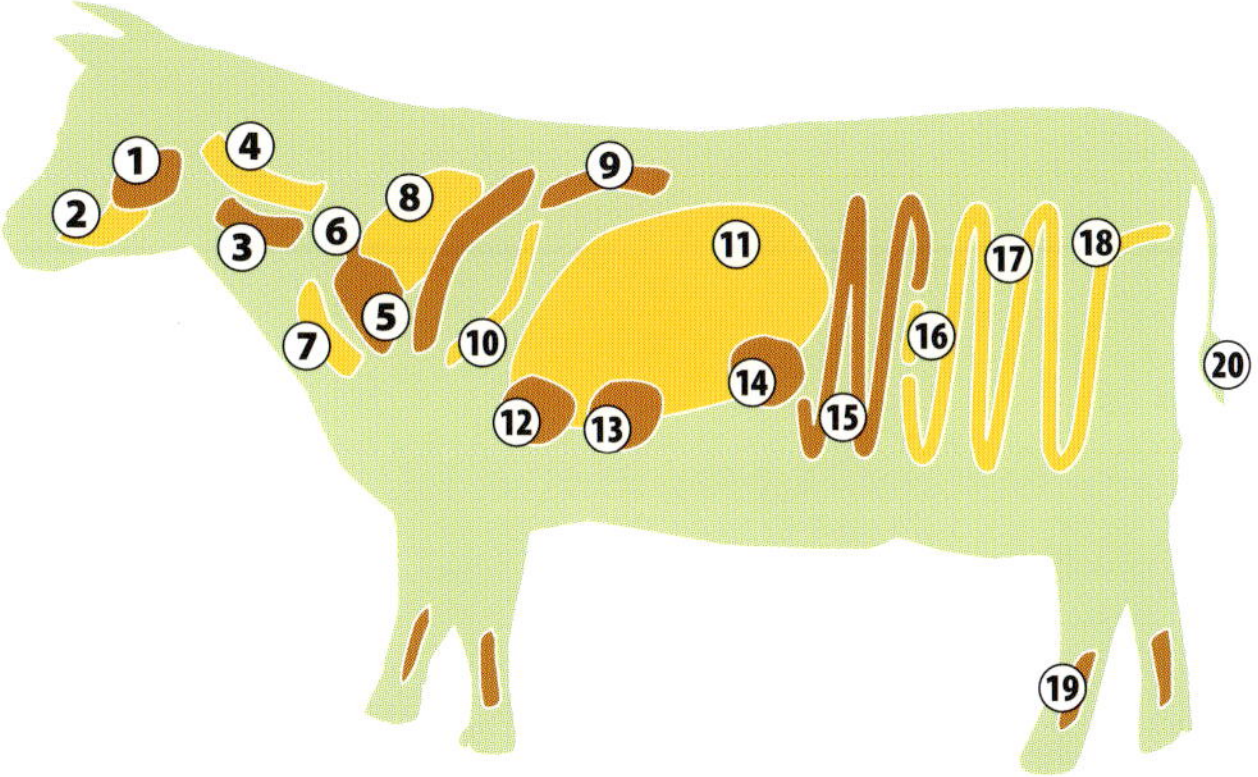

①	ホホニク（ほほ肉）	⑫	ハチノス（第２胃）
③	ウルテ（気管）	⑭	ギアラ（第４胃）
④	ノドスジ（食道）	⑮	ショウチョウ（小腸）
⑥	ハツモト（下行大動脈）	⑲	アキレス（アキレス腱）
⑦	リードボー（胸腺）		

豚肉の部位

豚肉は8つの部位に

豚肉も牛肉同様、かつては枝肉流通が主体だったが、物流の利便性や小売業での商品化のしやすさなどから、小割りでの流通が盛んとなった。

1976（昭和51）年に定められた「豚部分肉取引規格」では、豚枝肉は、かた、ヒレ、ロース、ばら、ももの5つの部位（部分肉）に分割し、脱骨することになっている（部位名の表記は同規格による）。生体重量110キロの豚は、部分肉にすると54キロくらいになる。各部位のおおよその重量は、カタ、モモが16～18キロ、ロースは10キロ、バラは9キロ、ヒレ1キロ強といったところ。

実際の流通の現場では、カタを3分してネック、カタロース、ウデに、モモを2分してモモとソトモモにし、計8部位とするのが一般的だ。スーパーなどでは、さらに小割りした独自規格をつくり、仕入先にその形での納入を要請しているところもある。こうした状況を受け、豚肉でも牛肉と同時期（1991年）に、小割り化をいっそう進めたコマーシャル規格（パーツの数は約20にものぼる）がつくられた。

ヨーロッパでは加工向けの肉

各部位の用途としては、ややかたくてキメの粗いウデやカタはひき肉に、やわらかくてキメの細かいロースはソテーやバター焼き用などに使われている。ここ10年ほどで、バラ肉の生姜焼きに、脂肪が少ないモモは赤身肉としてソテーやバ利用法が広がった。骨付きのスペアリブはバーベキュー用や煮込み用に、スライス肉は冬ならしゃぶしゃぶ、夏なら冷しゃぶといった具合に人気がでている。

このように豚肉は、日本では牛肉と並んでテーブルミート（精肉＝家庭で生肉から調理するための肉）として位置づけられているが、古くからの肉食文化圏であるヨーロッパでは、むしろ加工向けの肉として使われてきた歴史がある。ウデはソーセージに、バラはベーコンに、モモは生ハムや骨付きハムにといった具合に、それぞれの部位の特性を活かした製品に加工される。

ロースやヒレだけが精肉として、ローストポークやソテー用などとして売られることが多い。ドイツのメッツゲライ、フランスのシャルキュトリー、イタリアのサルメリアなどは、いずれも豚肉を主原料とした自家製ハム・ソーセージや総菜の専門店のことだ。

ヨーロッパを訪れた日本人はそのバラエティの豊かさに圧倒されるが、最近は国内でも自家製ハム・ソーセージを売る専門店が少なからず出てきた。今後もこの傾向が続けば、日本の豚肉の用途にも、これまでとちがった変化が起きるかもしれない。

豚肉の８部位

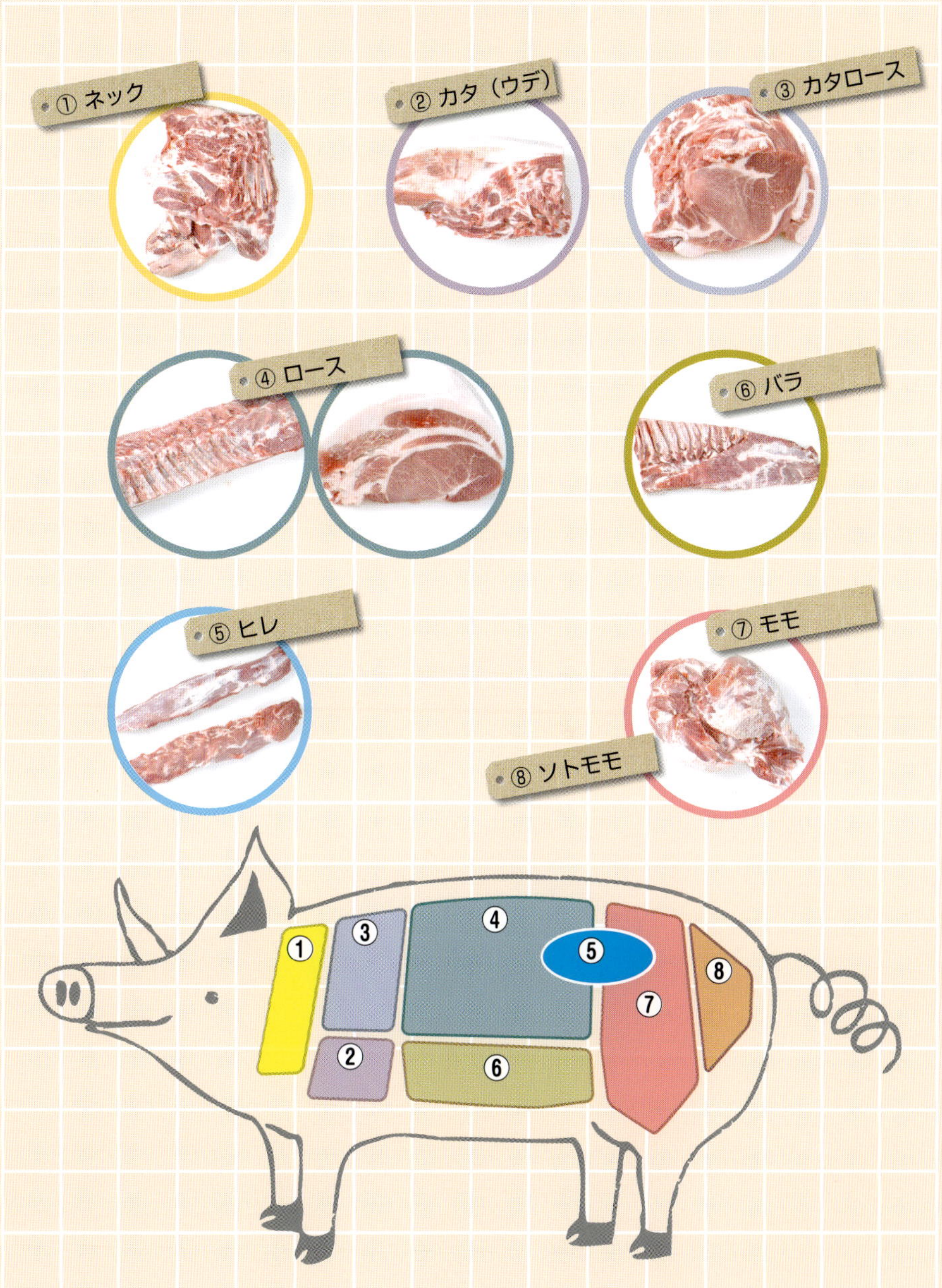
① ネック
② カタ（ウデ）
③ カタロース
④ ロース
⑥ バラ
⑤ ヒレ
⑦ モモ
⑧ ソトモモ
1
3
4
5
8
7
2
6

豚の部位別料理法

使いやすいロース、カタロース

豚肉は価格が安く、肉質も比較的均一であり、どの部位も様々な料理に使えるので、家計の味方ともいうべき食材だ。なかでもロースは、適度に脂肪がついていてかたくなりにくく、筋肉の線維が均一なので調理しやすい部位といえる。とんカツやすき焼き、焼き豚などに適している。

厚めのロースやカタロース肉を焼くときは、余熱をうまく使うことで、よりふっくらとジューシーに仕上げることができる。フライパンなどでは温度管理がむずかしいので、100℃ぐらいの低温のオーブンに入れ、中まで熱を入れるという方法もある。ローストポークなどを焼くときも、焼いたあとすぐに切らず、少し保温して休ませると余熱で中の肉汁が保持され、切っても肉汁が出ないようになる。

バラ肉をヘルシーに

豚のバラ肉は、赤身と脂肪が3層ぐらいに重なっている。そのため、脂肪分が多いと敬遠される場合もある。銘柄豚のなかには、コレステロール値を下げる働きがあるオレイン酸などが脂肪に含まれるようにつくられたものもあるので、過度に嫌う必要はないだろう。

とはいえ、肉をヘルシーに食べたいという人は、煮る、蒸すといった調理法で脂肪分をしっかり落とすとよい。

たとえば、塩豚はかたまりの肉を用いるが、塩をして1日おいてから蒸すと脂肪が溶け出してくる。そのあといったん冷まして、凝固した脂を取り除けば、余分な脂肪をカットすることができる。

角煮などの煮物も同様で、煮たあと一度冷ますと、脂肪が白く浮いてくる。これを取り除けば、カロリーは大きく減少する。スライスした肉の場合は、しゃぶしゃぶにすることで脂肪分は減る。

調理法の工夫でカロリーをコントロールすれば、バラ肉の世界はもっと広がるはずだ。

かたくなりがちなモモをおいしく食べる

モモ肉は、ヒレに次いでビタミンB_1が多く、脂肪分は少ない。加熱するとどうしてもかたくなってしまいがちで、おいしく調理するのがなかなかむずかしい部位だ。たとえば、細かく切って野菜と炒めれば噛みやすくなり、多少のかたさは気にならない。

そのほか、かるく衣をつけて揚げて南蛮酢に漬けたり、チーズをはさんでカツにしてもよい。切り方を工夫したり、少し脂肪分のあるものやコクのあるものをプラスして調理することで、食べやすく、おいしくなる。

豚肉を使ったレシピ

豚肉の紅茶煮

つくり方

❶ 鍋に豚肉がひたひたになる程度の水を入れて、沸騰したらティーバッグと常温に戻した豚肉を入れて 30 分煮る

❷ 火を止め、肉をひっくり返して鍋に蓋をして15 分置く

❸ 漬け込みだれの材料をすべて別の鍋に入れる

❹ ❸を沸騰させて火を止め、❷の豚肉だけを入れて 15 分から 1 時間ぐらい漬け込む。ジップロックにうつして漬けると味が均等に回りやすい

❺ 肉を取り出し、食べやすい大きさに切る

❻ スライサーで人参と大根を細く切り、豚肉の下に敷く

❼ 万能ねぎは小口切りにし豚肉にのせる

❽ 漬け込みだれを上からかけて盛りつける

【材料（4 人前）】

カタロース（かたまり）600g
紅茶のティーバッグ　1袋

〈漬け込みだれ〉

醤油　200cc
酢　200cc
酒　100cc
みりん　100cc

〈付け合わせ〉

大根　適量
人参　適量
万能ねぎ　適量

料理監修：おばま由紀

豚の副生物と料理

商品化に手間がかかり、ストックしにくい

豚の副生物（内臓）には次頁のような部位があるが、豚は牛と比べて体が小型なので、その分、それぞれの部位の重量も小さい。重さが1キロを超える部位はカシラ、大腸、小腸、レバーの4つだけ（いずれも1・2～1・5キロ）で、そのほかは大きめのものでもせいぜい300～500グラム程度。これらを洗ったり、いらない部分（血管や胃・腸の内容物など）を取り除いたりして商品化するには大変な手間がかかる。そのうえ、長く保存することができないため、流通のネックになっている（108頁）。コンスタントな需要が見込まれるのは、カシラやレバー、大腸・小腸、タン、ハツなど。このほか、内臓（＝体内にある部位）以外の副生物として、ミミ、トンソク、テールも使われている。

それぞれの部位に活躍の場が

カシラはと畜の過程で切断した頭の、首に近いホホの部分からとれるもので、内臓というよりは肉そのものの味わい。肉質はかためながら、コラーゲンを多く含み、ひき肉にすると強い結着力が出るので、シューマイには欠かせない。

レバーは鉄分、ビタミンA・B群が豊富で、若い女性にはおすすめの部位だ。やきとりやソテーにするほか、加工用としても人気があり、レバーペーストやレバーパテなどに加工・調理されている。

大腸・小腸などの腸類は、内臓類のなかでもとくに腐りやすい。そのため、と畜場でいったんボイルしてから流通ルートに乗せるのが一般的だが、ボイルしたものであっても、新しいうちに食べることが重要だ。新しいものはコリコリと歯切れがいいのに対して、鮮度が落ちてくると噛みきれなくなる。

豚肉加工の歴史が古いフランスには、豚の大腸に腸や胃袋（ガツ）などの内臓を刻んで詰めたアンドゥイエット（小腸に詰めたものはアンドゥイユ）という加工品がある。かなりクセが強いが、愛好家にはたまらない味だ。

ミミは煮込みに、トンソクはボイルして酢味噌で食べたり、煮込みにしたりする。沖縄料理や台湾料理では定番だ。テールは輪切りにしてスープ素材などとして使われる。

やきとんだけじゃ、もったいない

これら豚の内臓類を多く使うのは、何といってもやきとり（やきとん）屋。そのせいもあって、用途や料理法も限られてきた感があった。ところが、近年、沖縄や台湾にとどまらず、ベトナムやタイなどアジアの国々の料理を通して、内臓類の幅広い料理や食べ方が普及してきている。

豚の副生物

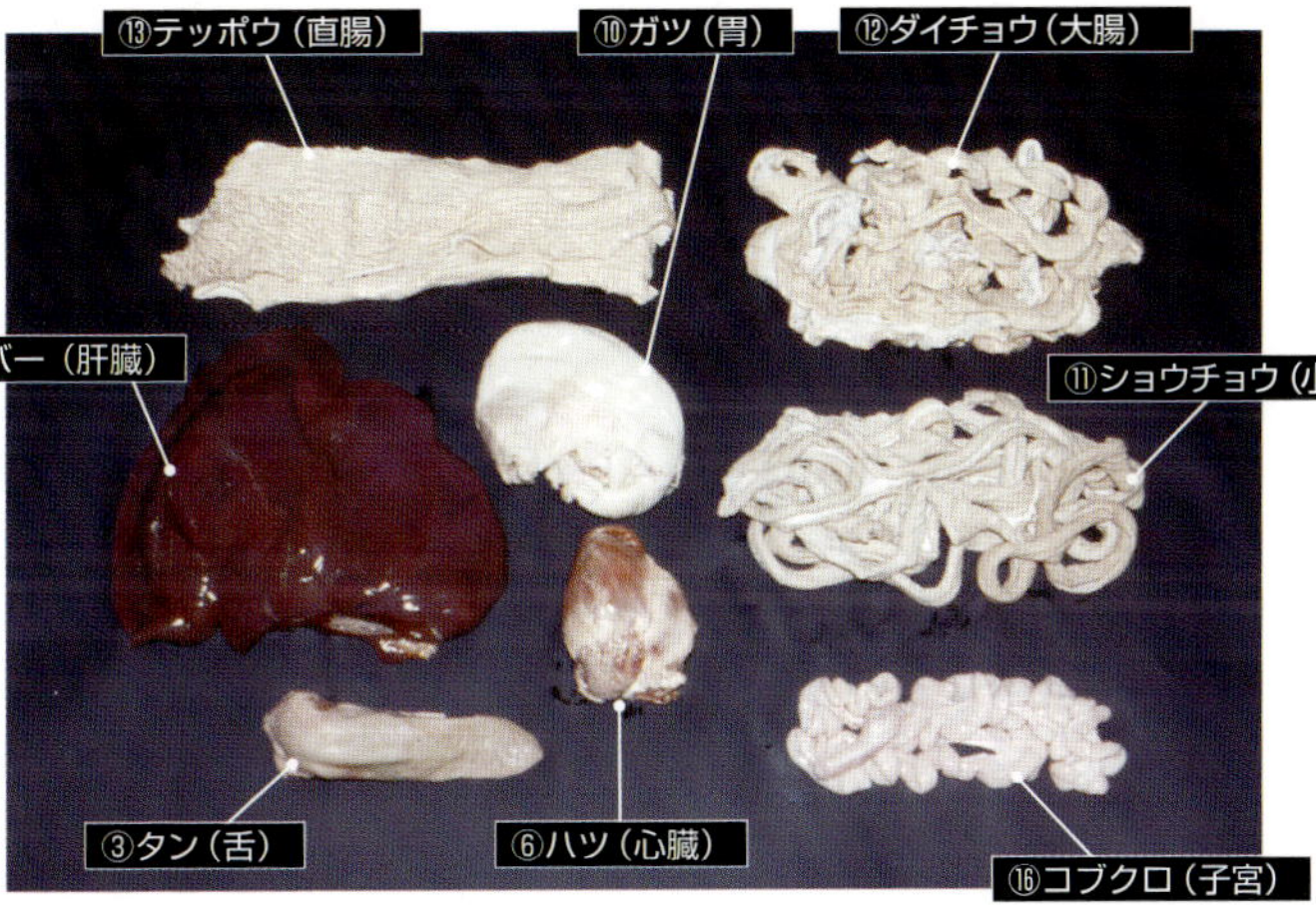

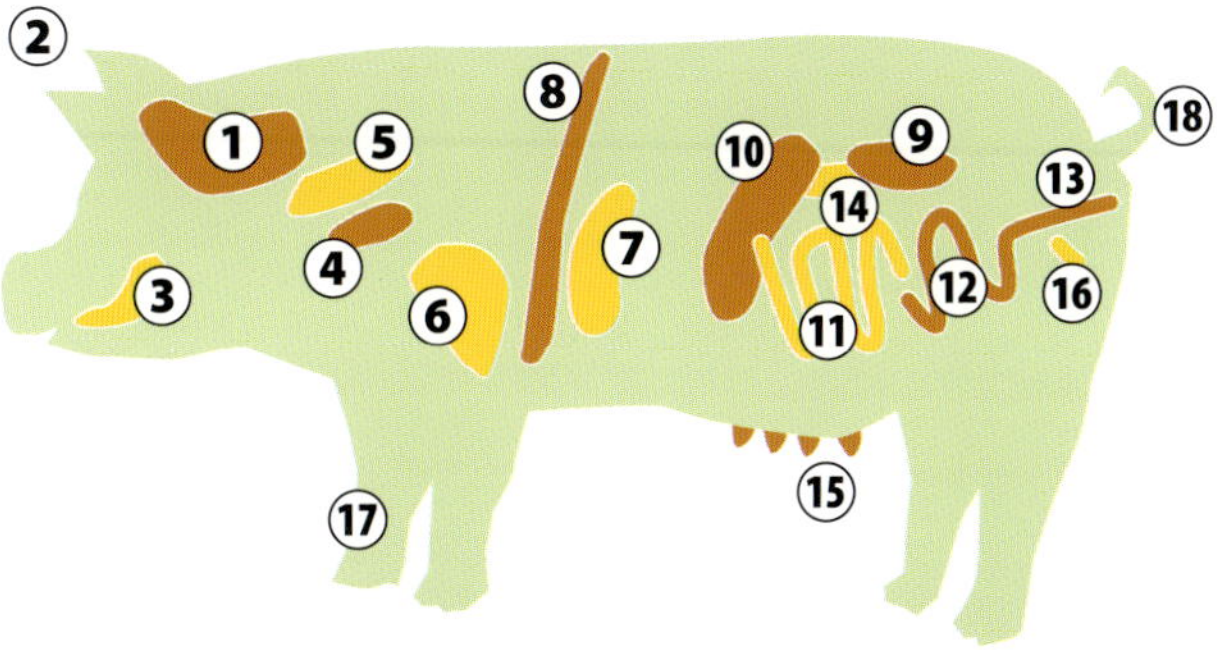

① カシラニク（頭肉）
② ミミ（耳）
④ ウルテ（気管）
⑤ ノドスジ（食道）
⑧ ハラミ（横隔膜筋）
⑨ マメ（腎臓）
⑭ ハラアブラ（胃・腸周囲脂肪）
⑮ チチカブ（乳房）
⑰ トンソク（足）
⑱ テール（尾）

鶏肉の部位

日本はモモ肉、海外ではムネ肉

鶏肉は牛や豚に比べカロリーが低く、ヘルシーな食肉だ。食品の表示では、ムネ肉、ササミ、手羽、モモの4つの部位に分かれている。

品種や飼養環境、飼料によって味わいは異なるが、日本では一般的にモモ肉が好まれる傾向がある。一方海外では、脂肪の少ないムネ肉が好まれ、ムネ肉の量が多くとれるような鶏の改良もすすんでいる。

とくにヘルシーなムネ肉、ササミ

ヘルシーな鶏肉のなかでも、とくにムネ肉は筋肉中に脂肪分が少ないためカロリーが低い。その分加熱するとパサパサとしてしまいがちで、調理には工夫が必要だ。

肉質は、筋肉の線維が細いためやわらかい。味は非常に淡白で、あっさりしているのが特徴で、から揚げやフライに適している。

ササミは胸の中心部にある部位で、形が笹の葉に似ているため、この名がついた。鶏肉のなかで最も脂肪が少なく、カロリーが低い。ムネ肉同様に筋線維が細く、やわらかい食感が特徴だ。ゆでて酒蒸しやサラダにするとおいしい。

味わいがあっさりしていて、タンパク質が多く含まれているので、ダイエットの強い味方といえる。

手羽でおいしいスープや煮物を

手羽は鶏の翼の部分で、手羽先、手羽中、手羽元の3つの部位に分かれる。いずれも骨付きで販売され、スープや煮物に入れると骨からだしがよく出る。

手羽先は翼の先端の部分で、ゼラチン質や脂肪が多い。肉はほとんどついていないが、皮に含まれるコラーゲンが豊富な部位だ。

手羽中は、2本の骨にはさまれるようにして肉がついている。肉の量はそれほど多くないが、皮がついているため、調理すると適度なコクが出る。

手羽元は、ウイングスティックとも呼ばれる。翼と胴をつなぐ部位で、ほかの2つの部位に比べて肉づきがよい。脂肪とのバランスもよく、使いやすい。

モモで弾力のある食感を楽しむ

モモ肉は、ムネ肉と比べて肉質はかたいが、ほどよく脂肪が入っているため、加熱時にかたまりにくい。また、グルタミン酸とイノシン酸が含まれているためうま味が強いこと、肉がしまっていて弾力のある食感が楽しめることも特徴だ。

鶏肉の４部位

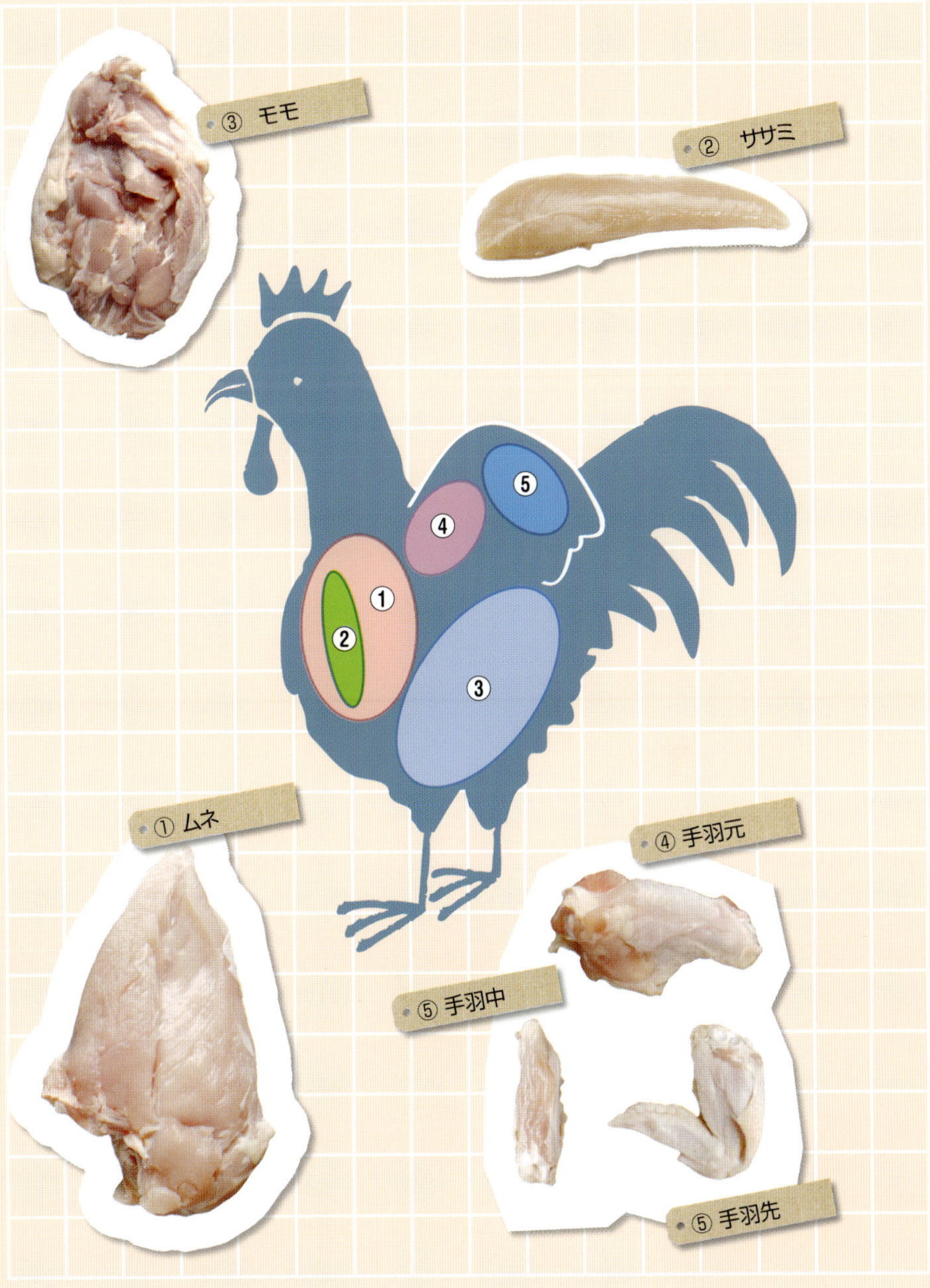
③ モモ
② ササミ
⑤
④
①
②
③
① ムネ
④ 手羽元
⑤ 手羽中
⑤ 手羽先

鶏の部位別料理法

皮にある機能性成分にも注目

鶏肉は高タンパク・低カロリーで、一般的な食肉のなかでは最もヘルシーな食材といえるだろう。味わいがたんぱくなのも特徴だ。部位によって異なるが、比較的カロリーの高いモモ肉でも、脂肪分の多い皮を除くことでエネルギー量を減らすことができる。

しかし、皮には皮の、いいところがある。コラーゲンをはじめ、メチオニン（必須アミノ酸）という成分も含まれているのだ。カロリーだけを考えるのではなく、このような機能性にも、ぜひ注目してもらいたい。

モモ肉は、ムネ肉に比べて筋が多く残っている。筋は焼くとかたくなって食感が悪くなる。調理する前にできるだけ切り取ったり、筋切りをしておくと、やわらかくて食べやすくなる。

ムネ肉をやわらかくジューシーに

ムネ肉はモモ肉に比べて加熱したときにパサつくので、やや使いにくい印象がある。ムネ肉をやわらかくするためには、発酵食品と組み合わせるとよい。

たとえば、ひと頃ブームとなった塩こうじで漬けておくといった方法だ。こうじの力で肉がやわらかくなるうえ、こうじ自体のうま味もつく。かたくなりやすいムネ肉とは、相性がいい組み合わせだ。

こうじは日本古来の発酵食品で、味噌や酒、醤油、みりんなどにも使われている。日本人にとっては、なじみの深い食品である。ビタミンB群を含む塩こうじには、疲労回復効果があるといわれている。

こうじは、熟成を自分で行わなければならないので手間がかかるという難点がある。その場合は、ヨーグルトで代用することもできる。市販のものをそのまま活用できるので便利だ。ヨーグルトと香辛料で漬け込んだタンドリーチキンは、インド料理の定番である。

ムネ肉の調理では、やはり火加減が重要だ。やわらかくジューシーに焼き上げるには、余熱をうまく使うとよい。また、塩水につけておくと、臭みがとれてよりおいしい仕上がりとなる。

ササミも余熱を上手に利用する

ムネ肉よりさらに脂肪が少なく、低カロリーなのがササミだ。ササミもかたくなりやすいため、やはり低温で焼く。あるいは、普通に9分通り火を入れ、余熱で完全に火が入るようにする。

脂肪が少ないので、フライ料理にも向いている。

鶏肉を使ったレシピ

鶏のパリパリマリネ焼き

【材料（4人前）】
鶏モモ肉　4枚
塩　鶏の重量の1%
〈マリネ〉
ニンニク　1片
オリーブオイル　大さじ2
ワインビネガー　大さじ1/2
ローズマリー　1枝
〈付け合わせ〉
レタス・ベビーリーフ　適量

つくり方

❶ 鶏肉に塩をまぶす
❷ スライスしたニンニクとオリーブオイル、ワインビネガー、ローズマリーで漬け込む
❸ フライパンにオリーブオイル（分量外）を入れて中火で熱する
❹ ❸に漬け込んだ肉を皮を下にして入れる
❺ 皮がこんがりときつね色になり、肉に9分通り火が入るまで焼く
❻ ひっくり返して3分焼く
❼ 付け合わせとともに盛りつける

料理監修：おばま由紀

鶏の副生物と料理

おなじみの部位たち

鶏肉の副生物は、内臓や皮、軟骨のほかに、と鳥の際にカットされる首についた肉（せせり）や尾についた肉（ぼんじり）などがある。飲食店などでは、こうした部位が様々な料理に使われているので、なじみの人も多いだろう。

内臓には、ハツ（心臓）やレバー（肝臓）、砂肝（筋胃）などがある。

内臓（ハツ、レバー、砂肝）

ハツはレバーといっしょに売られていることが多い。縦半分に切って血のかたまりを除き、水洗い後に冷水につけて血抜きをする。くさみがなくなり、食べやすくなる。焼き鳥などでも、シンプルに塩焼きで食べることが多い。

レバーは、タンパク質、ビタミンA・B_1・B_2、鉄分を多く含んでいる。とくにビタミンAは多く、ペースト状にして乳幼児の離乳食などにも使われる。冷水に30分ぐらいつけて血抜きをすれば、くさみも気にならない。

砂肝は、砂を蓄えていて食べたものをつぶすなどの役割をもつ部位。そのため、筋肉が発達している。歯ごたえがあり、こりこりとした食感が特徴だ。脂肪が少ないため、低カロリーでもある。内臓のなかでもとくにくせがないため、さっと洗うだけで十分。塩焼きのほか、揚げたり、ワインや醤油で煮る方法もある。

軟骨

軟骨には、ササミの部位にある剣状突起の軟骨と、足の膝関節部分の軟骨とがある。

剣状突起の軟骨は、焼き鳥でいわゆる「いかだ」と呼ばれるものだ。膝関節の軟骨はコロコロとしていて、唐揚げなどに使われることが多い。

せせり・ぼんじり

せせりは鶏の首の部位をさし、ネック、小肉などともいわれる。鶏がよく動かす部位であるため、身が締まっていて、弾力のある食感が特徴。ほどよく脂肪もついているため、うま味もあり、ジューシーさもある。

ぼんじりは尾についた肉のことで、非常に脂肪の多い部位だ。カロリーが鶏肉のなかでは非常に高く、ササミと比べると約4倍にもなる。

脂肪が多い分風味が強く、ジューシーで口あたりがよい。焼き鳥など炭火で焼くことで脂肪が抜け、モチモチとした食感を楽しめる。

鶏の副生物

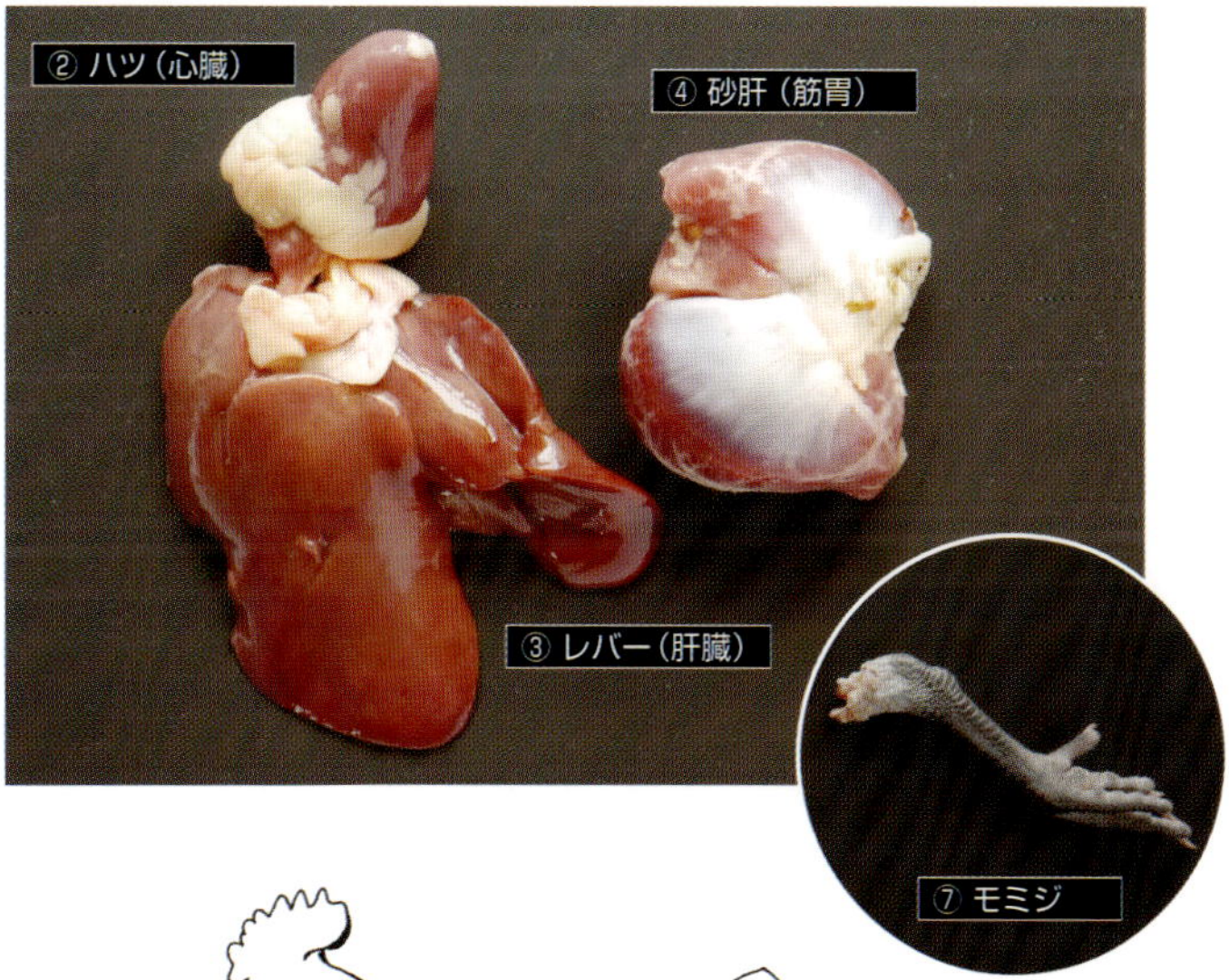

① せせり　⑤ 軟骨　⑥ ぼんじり

山羊肉、羊肉、馬肉

沖縄のスタミナ食、山羊汁

牛肉、豚肉、鶏肉以外の家畜・家禽由来の食肉としては、羊肉、山羊肉、馬肉、鴨肉、キジ肉などがあげられる。食肉の需給量全体に占める割合は1％にも満たないが、地域の伝統食として根強い需要があるものが多い。

よく知られているのが沖縄県の山羊汁（ヒージャー汁）だ。沖縄では山羊料理専門店で普通に食べられ、栄養価も高い猛暑に打ち勝つスタミナ料理。祝い事があると大鍋で長時間煮込んだ山羊汁を大勢にふるまう地域もある。

戦後、全国で40万頭を超える山羊が飼われていたが、最近では、沖縄、鹿児島、長野、群馬を中心にわずか1万4000頭（中央畜産会、2010年調査）に、しかも乳用目的が主流。このため、山羊汁に使われる肉の多くは、ニュージーランドなどからの輸入ものである。

毛肉兼用種から肉専用種の羊へ

羊肉は、北海道、東北、信州のジンギスカンなどで食べられているが、これもほとんどが輸入ものだ。日本のめん羊飼育は、戦後に羊毛の需要が増え、1957（昭和32）年には毛肉兼用種のコリデール種を中心に98万頭が飼われていた。しかし、1961（昭和36）年の羊毛の輸入自由化に伴って国産羊毛価格が下落したため、飼育頭数は減少の一途をたどり、2005（平成17）年には8650頭にまで減った。その後、中山間地の地域おこしの一環として、耕作放棄地の活用や観光畜産の振興を目的に、肉専用種であるサフォーク種によるラム肉（生後1年以内の羊からとれる肉）の生産が増え、飼養頭数は2010（平成22）年には約1万4000頭まで回復している。おもな産地である北海道や岩手県、長野県では専業的な生産者による規模拡大の動きもみられる。

加藤清正が広めた馬肉

馬肉は熊本県、長野県（伊那）、山梨県、福島県（会津）、山形県（置賜）、青森県（南部）などの郷土料理である。馬刺しや桜鍋の食材として有名。最も消費するのは熊本県といわれている。なぜ、熊本で馬肉消費量が多いのか。豊臣秀吉の家臣で熊本藩初代藩主の加藤清正が朝鮮出兵の際、現地で苦戦して兵糧も尽き、仕方なく食べたのが馬の肉。思いのほかおいしかったので、帰国後に広めたという説が有力だ。

馬肉は国内生産7000トン、輸入2万3000トン（枝肉重量に換算）で、輸入先はカナダが約半分を占め、次いでアルゼンチン、ブラジル、メキシコ、ポーランドなど。食中毒の発生で法規制が厳しくなった牛ユッケの代わりとして、馬肉ユッケの人気が高まっている。

牛、豚以外のおもな食肉用家畜

日本で育てられる山羊はほとんどが乳用（写真は日本ザーネン種）。山羊汁にするときは、大鍋に骨付き肉、水、泡盛を入れ、やわらかくなるまで煮込む。臭みがあるため、よもぎや生姜をたっぷり入れ、塩味で食べる

北海道での羊の放牧。顔が黒いのが肉専用種であるサフォーク種

様々な馬肉の製品。馬は体温が高いため、牛や豚と比べて寄生虫が少なく、食中毒が発生しにくい

獣害禍を転じて、野生獣肉の特産化へ

●増えつづける野生獣の被害

小学生がイノシシに噛まれて大騒ぎになったのは、埼玉県の市街地だった。六甲山を背後にもつ神戸市では、毎年のようにイノシシに襲われる事件が起きている。被害は農村だけでなく、都会でも大問題となっている。

野生鳥獣による農作物の被害は、イノシシ、鹿などの獣類が6割、残りがカラスなどの鳥類で、被害総額は全国でおよそ226億円（2011年）。東京都の農業算出額272億円の8割が、被害で消えてなくなる計算だ。

山間地住民の高齢化と過疎化、林業の衰退による里山の荒廃が、野生獣の出没の一因としてあげられるが、狩猟者が高齢化したために鉄砲による駆除がむずかしくなっていることも大きな原因となっている。また、捕獲してもその処理に難儀しているところが多い。

●イノシシ肉・鹿肉を特産物に

そこで、村ぐるみ町ぐるみで組織的に鳥獣害対策に取り組み、獣肉利用販売を前提にした捕獲・解体・加工システムを確立して資源化・特産化をはかる地域も出てきた。学校給食のカレー肉に利用したり、ジビエ料理としての普及もはじまっている。獣肉の6次産業化である。

イノシシ肉はぼたん鍋、鹿肉はもみじ鍋として古くから利用されてきたが、現代ではもっと本格的な肉利用が求められている。そのためには、何よりも衛生的で安全な肉となるよう処理・流通されなければならない。寄生虫の感染はもちろん、獣肉がE型肝炎の感染源となることがあってはならない。仕留めた直後にすみやかに放血すること、ただちに獣肉処理施設に搬入し、内臓摘出し、肉を冷却すること。これができなければ、肉の品質が保証されない。特産資源化に成功している地域では、安全でうまい肉をつくりだす食肉加工処理施設が必須となっている。それがあっての6次産業化である。

ワナにかかったイノシシ

衛生的に解体しパッキングする

第2章

食肉のおいしさをつくる

肉のおいしさとは何だろう。味はもちろんだが、歯ごたえや香りも重要だ。これらは、肉となる家畜の品種、エサや育て方、さらには肉の保存の仕方によっても変わってくる。

おいしさは何で決まるのか

人は五感すべてで食べものを味わう

食べものに求められる条件は、安全であること、血や肉になる（栄養になる）こと、それにおいしいこと。この「おいしさ」によって私たちの食欲がそそられ、たくさん食べて栄養を摂取できる。また、幸福感ももたらしてくれる。

人は、舌に感じる味だけではなく、形や色、香り、食感（舌ざわり、歯ざわり）、音（咀嚼《そしゃく》音）など、五感をすべてはたらかせ、食べもののおいしさを感じている。それに加えて、食べているときの状態や環境、食習慣・食文化のちがいなどが密接にかかわり、人はおいしい・まずいを判断している。

重要なのは食感、味、香り

おいしさでとくに重要なのはテクスチャー（食感）、味、香り。テクスチャーは、舌ざわりや歯ざわり、歯ごたえや温かさ、冷たさなどが要因となるが、牛肉ではかたさや弾力性といった歯ざわりが重要だ。これには、スジなどの結合組織が影響している。スネ肉がかたく、ヒレ肉がやわらかいのは、その量のちがい、若い牛の肉がやわらかく、年をとった牛がかたいのは、その質のちがいによる。

味には、アミノ酸、ペプチド、糖、無機イオンなどの成分が関係している。牛肉では、遊離アミノ酸や核酸関連物質が影響している。遊離アミノ酸には種類があり、それぞれ甘味系、酸味系、苦味系、うま味系に分類される。このうち、肉のおいしさにはうま味系のアミノ酸が寄与している。うま味系のアミノ酸は、低温で貯蔵する熟成に伴い増加する。また、核酸関連物質は死後の筋肉で生じる。

加熱すると生まれる和牛香

牛肉は生のときには生臭い生鮮香気を発するが、加熱すると香ばしい加熱香気に変化する。牛肉の香りには脂肪由来の成分が関与している。とくに、黒毛和牛肉を加熱すると、和牛独特の脂っぽくコクのある甘い香りが生まれる。これは和牛香と呼ばれるもので、和牛肉のおいしさを決定する重要な要因だ。和牛香は、肉を薄切りにし、空気中で5日間程度貯蔵した後、80℃で加熱すると最もよく香る。

牛肉のおいしさには、脂肪が極めて重要な役割をはたしていることがわかってきた。とくに、モノ不飽和脂肪酸であるオレイン酸の割合が高いと、融点が低くなり、口溶けがよくなるとされ、牛肉を評価する際の一つの指標になりはじめている。

このように、おいしさを決める要因は様々だが、もちろん、料理方法や食事のシーン（誰とどのような場面で食べるのか）も重要な要素である。

肉のおいしさは何で決まる？

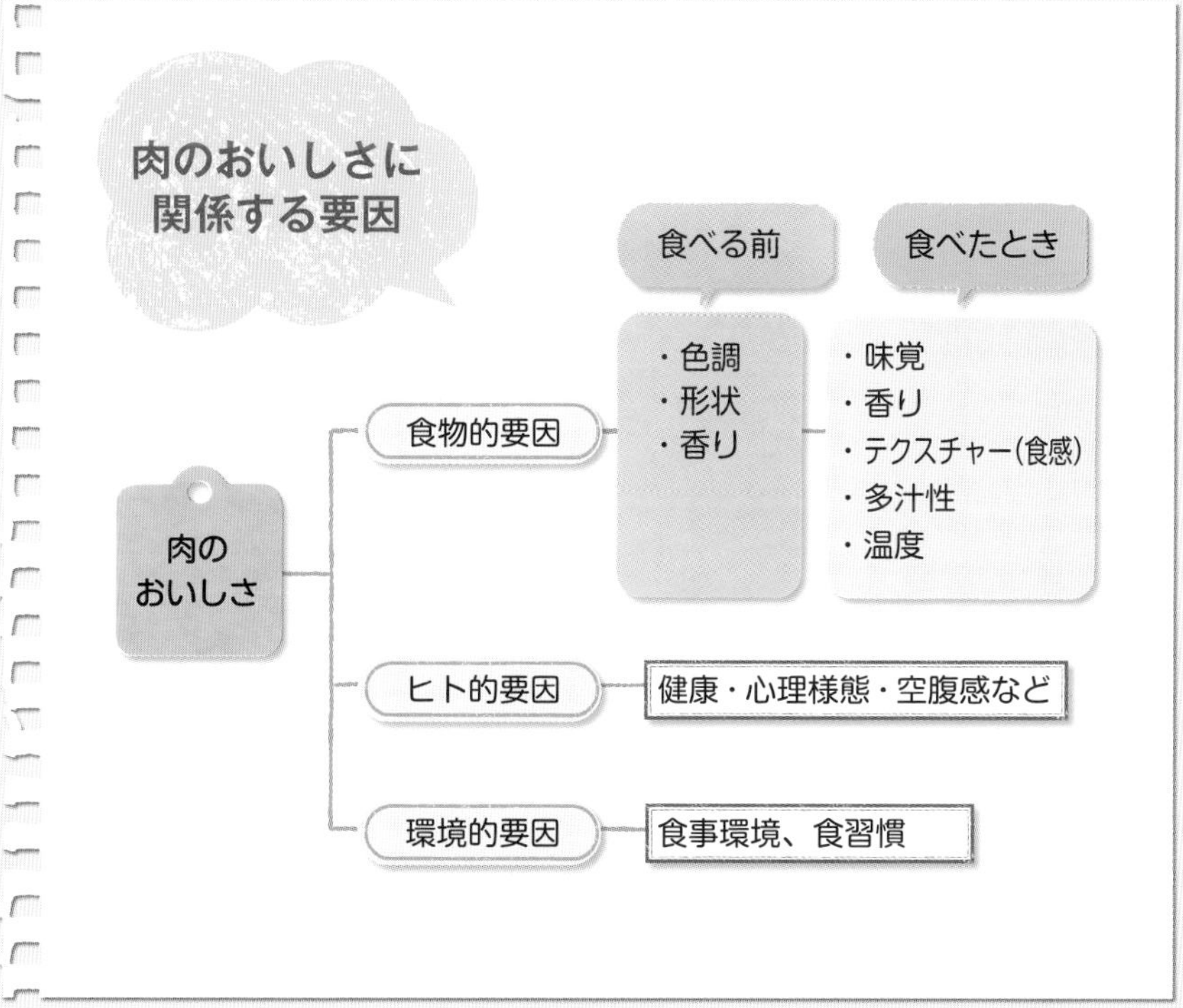

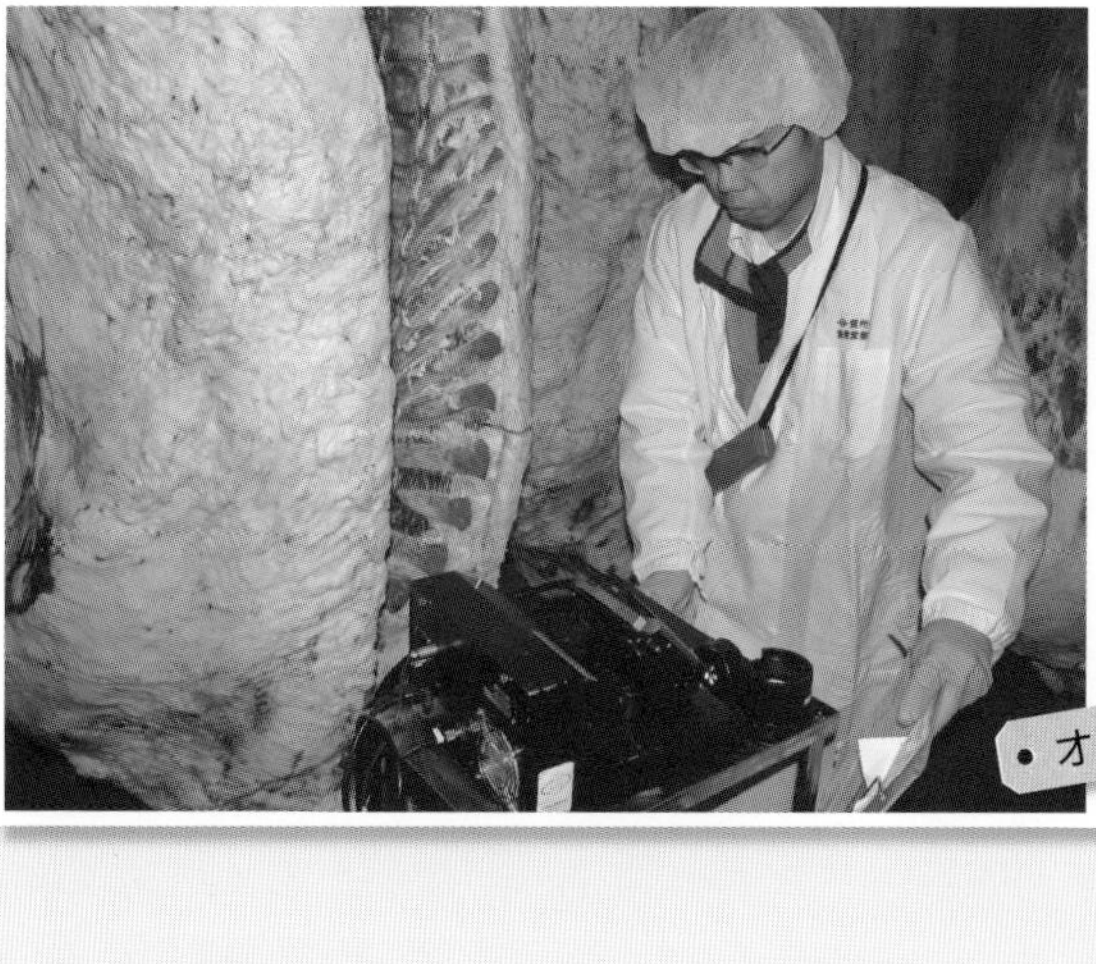

・オレイン酸の測定

牛の品種のちがい

和牛と交雑種のちがい

スーパーなどの小売店で牛肉のパッケージをみると、和牛、交雑種などと表記されている。このちがいが何かを正確に理解している人は、意外と少ないのでは。国内で生産される牛には、和牛、乳用種、F_1（交雑種）、外国種（肉専用種）の4種類がある。それぞれ、どのような牛なのだろうか。

和牛は日本で改良された4品種のこと

和牛は、明治以降に日本で品種改良を重ねてきた肉専用種をいう。黒毛和牛、褐色和牛、日本短角種、無角和種の4品種がある。

現在、和牛として流通している肉の95％は黒毛和牛で、筋肉のなかに脂肪が入り、肉質がやわらかいのが特徴だ。しかし、健康への関心の高まりから、脂肪分の少ない日本短角種などの肉も見直されるようになってきた。

なお、和牛は日本で品種改良された4品種の総称であり、日本で育てられた牛をさすものではない。まれに海外で日本向けに育てられた「和牛」もある。これは、海外で育てられた牛であることから外国産牛としている。現在流通している和牛のほとんどは日本国内で飼養された国産牛であり、地名＋和牛の名前で販売しているケースが多い。

乳牛の雄が乳用種、乳牛＋和牛が交雑種

乳用種とは、乳牛の子牛のうち、雄を去勢して肉用に肥育したもの。乳用として必要とされるのは乳を出す雌牛だけなので、雄牛は肉用として肥育される。去勢を行うのは、肉に獣臭がつかないようにするためで、生後2、3カ月で行われる。

乳用種の大半は白黒まだらのホルスタイン種で、もともとが肉用種ではないため、脂肪が少なくやや肉質がかたい。

乳用の雌に和牛の雄をかけあわせたのが交雑種で、F_1（エフワン）ともいわれる。乳用の雌は乳を出すために妊娠させる必要があること、肉用種である和牛の純粋の雌は高価であることから、生産性と肉質の両面を補いあうためにつくられた品種だ。

外国種は、味わい深い赤肉が特徴

外国種は、アバディーンアンガス種、ヘレフォード種など、海外で品種改良された牛をさす。国内で飼われているケースは少なく、オーストラリア、アメリカ、カナダ、ニュージーランドからの輸入肉が大半である。

肉質は、海外の嗜好に合わせて脂肪が少なく、サシが入っているものはほとんどない。味わいのある赤肉が特徴だ。

肉用となる牛の品種

黒毛和牛（雄）

日本短角種（雄）

ホルスタイン種（雄）

ヘレフォード種（雄）

アバディーンアンガス種（雌）

豚の品種のちがい

3品種のかけあわせが三元豚

最近、ネットや店頭などで三元豚という呼称を、おいしい豚の代名詞のように使っているのを見かける。しかし、実は日本で流通している豚の多くは三元豚である。

三元豚とは、それ自体が品種や銘柄を表すものではなく、3つの品種をかけあわせた豚の総称である。現在日本で流通している豚の多くは、デンマークで生まれたランドレース種(L)、イギリスの大ヨークシャー種(W)、アメリカのデュロック種(D)の3品種を交配したLWDという三元豚だ。これは、肉量があり繁殖力の高いランドレース種と大ヨークシャー種を親にもつ豚(LW)の雌に、味がいいデュロック種(D)の雄を交配したもので、おいしさ、生産性ともにすぐれている。日本の養豚業界が、長い年月をかけて模索しつくりあげてきたのがLWDという三元豚なのである。

黒豚はイギリス生まれのバークシャー

おいしい豚としてよくあげられる品種といえば、黒豚だろう。もともとはイギリスで生まれたバークシャー種という豚で、黒い毛に覆われているが、4つの足先と鼻先、尾に白い毛(六白)があるのが特徴である。明治時代に鹿児島県がイギリスから輸入し、育てられてきた。現在では、鹿児島県の特産として有名だ。バークシャー種は、現在日本で主流となっているL、W、Dといった種類の豚に比べるとやや体格の小さい中型の品種である。筋肉の線維が細いため肉がやわらかく、サツマイモをエサとしているため脂質がよいことから、おいしい豚として定着してきた。

黒豚は、その価値を維持するため、三元豚のように他品種との交配はせず、黒豚同士を交配した純粋種のみを育てている。

昔の豚の方がおいしい？

年配の人のなかには「昔の豚肉の方がおいしかった」という人がいる。これは、あながち間違いではない。最初に日本に輸入された豚は、中ヨークシャー種というイギリス原産の豚で、昭和30〜40年代前半ごろまでは日本の養豚の主流品種だった。

中ヨークシャー種はほかの豚に比べ脂肪が厚く、その脂肪に甘味があることが特徴。しかし、バークシャー種同様体がやや小さく、子豚の数が少ないことから徐々に生産が減り、現在では中ヨークシャーの生産農場は一部に限られている。

これらの品種のほかにも、沖縄原産のアグー豚やスペインのイベリコ豚、ハンガリーのマンガリッツァ豚などが、おいしい肉の生産に適することから注目されている。

豚の品種

ランドレース種（雌）

大ヨークシャー種（雌）

デュロック種（雄）

バークシャー種（雌）

中ヨークシャー種（雄）

（写真提供：(独)家畜改良センター）

鶏の品種のちがい

成長が早いブロイラー

一口に鶏といっても、卵をとるための採卵鶏と肉をとるための肉用鶏、そしてどちらにも使われる卵肉兼用品種がある。

現在、肉用鶏として用いられているのはブロイラーがほとんどだ。ブロイラーは早く成長するように改良がすすめられてきた。平均40〜50日齢、体重2・5〜3キロ程度で出荷されている。自然界の鶏が成鶏になるのに4、5カ月ぐらいかかるのに比べ、成長が非常に早い。国内の主要品種はチャンキーで、日本で生産されるヒナの約8割を占めている。

日本三大地鶏とは？

スーパーなどの小売店や飲食店で、地鶏と銘打った鶏肉も見かけるが、ブロイラーとはどうちがうのだろう？

地鶏にも様々な種類があるが、在来種としてJAS認定されている鶏種の雄と、いろいろな品種の雌を交配したものが多い。地鶏のなかでも、さつま地鶏、比内地鶏、名古屋コーチンは日本三大地鶏といわれている。

天然記念物の血が入る地鶏

さつま地鶏は日本の在来種であり、1943（昭和18）年に国の天然記念物に指定された薩摩鶏と肉用種の鶏をかけあわせたもの。在来種の血液割合が50％以上のものをさつま地鶏と呼ぶことにしている。主産地である鹿児島県では、さつま地鶏とロードアイランドレッド種とをかけあわせ、その雄、雌を交配させつくっている。

比内地鶏もさつま地鶏と同様に、天然記念物である比内鶏と肉用種をかけあわせて肉用にしたもの。秋田県で認証されている比内地鶏の条件は、比内鶏の雄とロードアイランドレッド種の雌とを交配したF_1、28日齢以降、平飼いか放し飼いで飼養されていること、28日齢以降、1平方メートル当り5羽以下で飼養されていること、雌はふ化から150日以上、雄は100日以上飼養していることである。

卵も人気がある地鶏も

名古屋コーチンは、正式名称を名古屋種という。卵肉兼用品種で、肉ばかりでなく卵も人気がある。流通業者、生産者、農協などで構成される一般社団法人名古屋コーチン協会によって管理され、交配可能な鶏種や飼養管理などの定義が定められている。

そのほかにも、様々な地鶏が販売されている。それぞれに交配の組み合わせや、飼養管理方法などを定め、付加価値のある鶏肉づくりに取り組んでいる。

肉用となる鶏の品種

ブロイラーとなる品種

白色コーニッシュ種（雄）

白色プリマスロック種
（左から雌、雄）

＊ブロイラーは、白色コーニッシュ種の雄に、白色プリマスロック種の雌をかけあわせたものが一般的。

地鶏品種

名古屋コーチン（左から雄、雌）
＊正式名称は名古屋種

比内地鶏（雌）

さつま地鶏（左から雄、雌）

（写真提供：（独）家畜改良センター〔白色コーニッシュ種、白色プリマスロック種、名古屋コーチン〕、秋田県農林水産部畜産振興課〔比内地鶏〕、鹿児島県地鶏振興協議会〔さつま地鶏〕）

牛と豚の格付

価格を決めるための指標

豚肉、牛肉は、それぞれ肉のランクを決める格付が行われている。よく焼肉屋などで「A5ランクの肉のみ使用」などと書いてある店があるが、このA5というのが牛肉の格付である。

つまり、格付とは肉の品質を判断する項目を定めてレベル分けをするもので、価格を決める指標となる。食肉の格付は、公益社団法人日本食肉格付協会によって基準が定められており、と畜後、同協会の職員によって枝肉1本ずつ判定される。

牛の格付は、歩留まりと肉質で決まる

牛肉の格付は、大きく分けて歩留まり等級と肉質等級の2つに分けられる。歩留まり等級とは、歩留まり（肉になる量）の基準値を計算式によって導きだし、その数値をA、B、Cの3段階に分けるもの。

肉質等級は、脂肪交雑（脂肪の入り具合、サシ）、肉の色沢（肉の色つやのよさ）、肉のしまりときめ、脂肪の色沢と質の4つの項目について、それぞれ5〜1等級に分ける。

歩留まり等級はAが最もよく、肉質等級は5が最もよい。これを組み合わせA5からC1までの計15等級に分類する。歩留まり、肉質ともに最高のものがA5となる。

肉質等級では、先の4つの項目についてそれぞれの等級を決め、そのなかで最も低い等級が採用される。つまり、たとえサシがほどよく入っていて、肉の色つやがよく、しまり・きめも十分ですべて5等級だったとしても、脂肪の色つやが3等級なら、その肉のランクは3等級になってしまう。

サシについては、脂肪交雑の多い順にNo.12からNo.1の12段階に分けられ、5等級となるのはNo.12からNo.8である（153頁）。そのほかの項目についても、それぞれ5〜7段階程度に分類して格付を決めている。

豚の格付は5段階

牛に比べると、豚の格付はそれほど複雑ではない。①枝肉の重さの範囲と背脂肪の厚さ、②枝肉のバランス、肉づきのよさ、脂肪のつき方、傷や損傷がないかなどの枝肉の外観、③肉のしまりときめ、肉の色つや、脂肪の色つや、脂肪の沈着などの肉質と、大きく3つに分けられる。これらの項目をトータルに判断し、極上、上、中、並、等外の5段階に格付する。

肉の色は、6段階に分けて判断する。淡すぎるものはフケ肉などといわれ、保水性が悪いとされており、逆に肉色が濃すぎても上物にはならない。脂肪の色については白いものがよいとされ、黄色みのあるものは格落ち要因となる。

牛枝肉の格付基準

（1）歩留まり等級

等　級	歩留基準値	歩　留
A	72 以上	部分肉歩留が標準より良いもの
B	69 以上 72 未満	部分肉歩留が標準のもの
C	69 未満	部分肉歩留が標準より劣るもの

注：歩留基準値は次の式により算出する。
67.37 ＋〔0.130 ×胸最長筋面積（cm^2）〕＋〔0.667 ×「ばら」の厚さ（cm）〕－〔0.025 ×冷と体重量（半丸枝肉 kg）〕－〔0.896 ×皮下脂肪の厚さ（cm）〕

（資料：（公社）日本食肉格付協会「牛枝肉取引規格の概要」）

（2）肉質等級

等級	5	4	3	2	1
脂肪交雑 (B.M.S. No.)	胸最長筋並びに背半棘筋(はんきょくきん)及び頭半棘筋における脂肪交雑がかなり多いもの (No.8 ～ No.12)	胸最長筋並びに背半棘筋及び頭半棘筋における脂肪交雑がやや多いもの (No.5 ～ No.7)	胸最長筋並びに背半棘筋及び頭半棘筋における脂肪交雑が標準のもの (No.3 ～ No.4)	胸最長筋並びに背半棘筋及び頭半棘筋における脂肪交雑がやや少ないもの (No.2)	胸最長筋並びに背半棘筋及び頭半棘筋における脂肪交雑がほとんどないもの (No.1)
肉の色沢	肉色及び光沢がかなり良いもの	肉色及び光沢がやや良いもの	肉色及び光沢が標準のもの	肉色及び光沢が標準に準ずるもの	肉色及び光沢が劣るもの
肉の締まり及びきめ	締まりはかなり良く、きめがかなり細かいもの	締まりはやや良く、きめがやや細かいもの	締まり及びきめが標準のもの	締まり及びきめが標準に準ずるもの	締まりが劣り又はきめが粗いもの
脂肪の色沢と質	脂肪の色、光沢及び質がかなり良いもの	脂肪の色、光沢及び質がやや良いもの	脂肪の色、光沢及び質が標準のもの	脂肪の色、光沢及び質が標準に準ずるもの	脂肪の色、光沢及び質が劣るもの

（資料：（公社）日本食肉格付協会「牛枝肉取引規格の概要」）

牛の枝肉に押された格付の判

牛の飼料

草だけでなく、穀物なども与える

牛だけでなく、家畜の飼料の成分や量は「日本飼養標準」（中央畜産会刊）をもとにして、各生産農場で決める場合が多い。家畜はその成長や大きさにあわせて、必要とする栄養成分が異なる。その指標となるのが「日本飼養標準」だ。

牛はそもそもは草を食べる動物だが、草を主体とした粗飼料のほかに、穀物を中心とした濃厚飼料も与えている。

粗飼料とは、牧草そのものや牧草からつくられた飼料のことで、生草と、牧草を発酵させてつくったサイレージ、乾草に分けられる。

生草は牧草地に生えているもので、放牧の際にそのまま食べたり、牧草地から刈ってきたものをそのまま与えたりする。サイレージは、牧草をサイロに入れて発酵させたもの。乳酸や酢酸などを増やすことでカビなどの発生を防ぎ、長期間保存できる。

濃厚飼料は、トウモロコシなどを中心に、大豆かすやヌカなどを入れたもので、栄養価の高い飼料だ。粗飼料と濃厚飼料を混ぜ、混合飼料として牛に与えている。

ビタミンAをコントロールする

肉牛、とくに和牛の場合は、肉質を向上するためにビタミンAのコントロールを行うケースがある。牛は、肉にサシが入っていること（脂肪交雑）で評価が上がる。肥育中期にビタミンAの給与を制限することで脂肪交雑のスコアが上がることが、これまで多くの研究機関などの研究結果からわかってきている。

なぜ肥育中期に制限するかといえば、ビタミンAには筋肉をつくる役割があるため、体ができ上がっていない肥育前期にはビタミンAの給与が不可欠であるためだ。肥育中期には体がある程度でき上がっているし、脂肪を沈着させる時期でもあるため、この時期にビタミンAを制限することで脂肪が筋肉内に入り込むと考えられている。

適切に行えば、ビタミンAのコントロールはとくに問題のある方法ではない。しかし、制限しすぎると、ビタミンA不足のために食欲がなくなって食べる量が減ってしまい、体重が思うように増えない、といった問題が起きる。また、欠乏症がすすむと、牛の視力が低下し、失明状態になってしまう可能性もある。さらに筋水腫などができたり、肝臓に障害が出る場合もあるが、こうした肉は食肉処理場で廃棄されるため、食卓に並ぶことはない。

確かにサシの入った牛肉はおいしいが、消費者側にそれを偏重しすぎる傾向がある。消費者が求めるものをつくるのは生産者として当然ではあるが、家畜の健康こそがおいしさへの第一歩だということを忘れてはならない。

いろいろな牛の飼料

牛は４つの胃をもつ。第１胃の内容物を反すうしながら消化していく

飼料用の稲を収穫と同時にロール状にしてビニールで梱包するホールクロップサイレージ。ラッピングした状態で約２カ月発酵させる

飼料用稲でつくった、イネソフトグレインサイレージ

牛のおもな飼料。左上／配合飼料、左下／麦、右／ワラ

豚の飼料

トウモロコシを中心とした配合飼料

豚は人間とよく似た消化器官をもち、雑食でなんでも食べる。そのため、日本で養豚がはじまった当時は、農家が庭先などで豚を飼い、家族が食べ残した残飯などを与えて育てていた。現在では、肉質などをよくするために、飼料メーカーから配合飼料を購入して与えている養豚場がほとんどだ。

現在使われている基本的な配合飼料は、粉砕したトウモロコシを中心に、大豆油かす（大豆油を搾ったあとのかす）などに加え、ビタミン、ミネラルやカルシウムを添加したもの。飼料は、タンパク質、脂質、炭水化物、ミネラル、ビタミン類、水分に大別され、これらを6大栄養素と呼ぶ。飼料添加物は、飼料安全法により、飼料の品質の低下防止、飼料の栄養成分の補給、飼料が含有している栄養成分の有効利用の促進の3用途と規定されている。

豚のサイズや月齢によっても配合内容は変わる。たとえば、離乳後すぐの子豚は母豚の乳から離れたばかりで、まだトウモロコシなどを消化できない。そのため、しばらくは粉ミルクを中心とした飼料を与え、徐々にトウモロコシ主体のものに切り替えていく。成育ステージに合わせた飼料を与え、発育を促進していくことが重要だ。

逆に、妊娠中の母豚は太りすぎだと難産となるため、ふすま（小麦の表皮）などの繊維質を配合し、かさは多くともカロリーの低い飼料を与えるなどの工夫がなされている。

麦や米を配合し、肉質をよくする

飼料は豚の体をつくるものであり、ひいては肉の味にも影響を与える。よくスーパーなどの小売店で「麦豚」などの名前で売られている豚があるが、これは、麦を配合した飼料を与えているケースが多い。麦を与えることで脂肪の質がよくなり、ほのかに甘味のある豚肉となる。

麦の量は、飼料全体の10～20％程度であることが多い。多すぎると、逆に筋肉のしまりがわるくなり、ジューシーさにかける肉になってしまうからだ。

飼料用米の活用なども盛んになってきた。飼料用米の配合割合は10～30％程度であるが、脂肪が白くなり、あっさりとした味わいになる。

食品残さを豚の飼料に

大型の食品工場などからでる食品残さの問題が取りざたされているが、これを豚の飼料にする取組みも各地で行われている。代表的なものは豆腐かすやビールかす。パンや菓子粉も、原材料が小麦で肉質のためによいことから、多く使われるようになった。

豚は何を食べるか

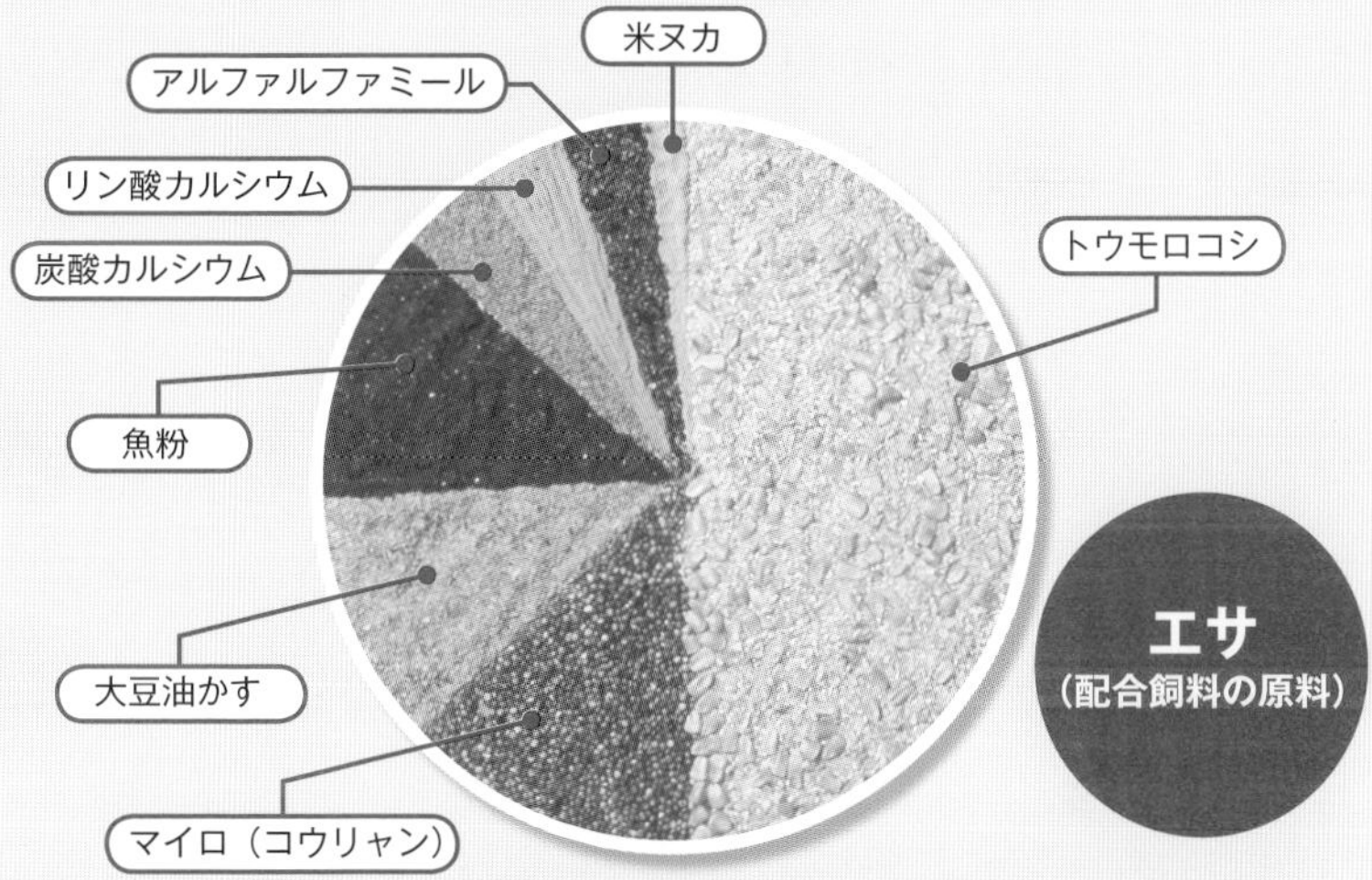

飼料に食品残さを加えることもある。写真は豆腐かす（左）とビールかす（右）

豚は雑食性であり、成長の過程に合わせて飼料を変えていく

鶏の飼料

トウモロコシ主体の配合飼料

肉用鶏を育てるには、専用の配合飼料を使うのが一般的だ。配合飼料はトウモロコシを主体とし、大豆かすや糟糠類（ふすまや米ヌカなど）、動物性飼料などが含まれている。雄で40~50日齢、雌は50~70日齢で出荷されるが、飼養開始から3週前後までの体や内臓をつくる肥育前期と、それ以降の成長期に分けて飼料の内容を変える。

肥育前期の飼料は粒をヒナが食べやすい大きさにし、まだ消化能力が低いので、消化しやすい高タンパク質の飼料とする。成長期は鶏が急激に大きくなる時期なので、高タンパク質、高エネルギーの飼料を与える。

採卵鶏に比べ、肉用鶏のブロイラーは早く大きくして出荷する必要がある。そのため、採卵鶏より約10％ほどタンパク質が多く、エネルギーの高い飼料を与える。ただし、地鶏はこの限りではない。

飼料の形状は、粉状のままのマッシュ、粒状にかためたペレット、ペレットを砕いたクランブルがあるが、養鶏ではペレット、クランブルがよく使われる。ペレットなどのように加工処理をすると、飼料を選ぶことができないために栄養が偏らず、体重の増加が早まり、食い散らかしにくくなるために飼料の損失を減らすこともできる。ペレットタイプの飼料は、粉状のマッシュを加工するために飼料費はやや上がるが、発育がよくてむだも減るために、利益率は高くなる。

肉質をよくするためのエサの工夫

肉用鶏のなかでも、とくに地鶏では、肉質をよくするために飼料を工夫しているところが多い。たとえば、原料に非遺伝子組み換えのトウモロコシを使用したり、抗生物質を使わないようにしたり、様々なプレバイオティクス（腸内有用菌の増殖を助ける微生物を含む物質）を添加して腸内細菌叢を整える、といったことだ。こうした取組みは多様で、それぞれに農場のこだわりがある。また、研究機関などによって飼料に関する試験研究が実施されており、こうした生産者の努力を裏付けるデータも出ている。

米をエサとして

近年では、飼料用米の活用もすすんでいる。これは、アメリカなどからの輸入に頼っている飼料用穀物の自給率向上や、休耕田の活用をめざしたもので、国をあげてのプロジェクトだ。全家畜が対象で、鶏でも盛んに使われだした。米は飼料中に約30％程度入れても肉質には大きな影響がないため、トウモロコシの代替として期待されている。米は、古くて新しい飼料といえる。

鶏はかたいものでも食べられる

鶏は筋胃という胃でかたいものをすりつぶすことができる

飼料用米を混ぜ込んだ飼料。豚や牛にはモミを加工して与えるが、鶏はそのままでも食べることができる

牛肉のうま味を引き出す飼育方法

草資源を活用した新しい和牛づくり

牛は人間が消化できない植物中の粗い繊維質を分解して、自分の体内に取り込み、食肉や牛乳を生みだす能力をもつ。しかし、日本では、こうした牛のもつ機能をフル活用せず、人間が食べることもできる穀物を牛1頭当り生涯に5トンも食べさせている。九州大学大学院の後藤貴文准教授は、国内の草資源を活かした、おいしくてビタミンや機能性物質も豊富な赤身肉をもつ新しい和牛づくりの研究をすすめている。

肥育期の放牧で、おいしく健康的な肉に

従来の肥育方法では、子牛期（生後10カ月まで）に、粗飼料（稲わらや草中心のエサ）を与え、その後、出荷まで濃厚飼料（穀物中心のエサ）を多く与えて仕上げる。一方、後藤准教授が研究している方法では、子牛期にミルクや濃厚飼料を多く与えて肥満体質を刷り込み、栄養吸収能力を高める。出荷までの後半期には、牧草から栄養分をしっかり吸収させる。つまり、畜舎ではなく、放牧しながら肥育する方式だ。

放牧することにより、赤身の部分に脂肪が適度に混ざり、肉のうま味が引き立つ効果がある。牛肉の赤身には、うま味に大きく影響する遊離アミノ酸やペプチドなどが多く含まれている。実際に、九州大学の高原農業実験実習場の実験でも、うま味成分とされるイノシン酸が多くなった。筋肉のなかの脂肪は13%から20%という適度な数字となり、この脂肪には良質脂肪酸やベータカロテンなどのビタミンが含まれていた。

近年、人間の病気を予防することが期待されるベータカロテンやそのほかの機能性物質に、脂溶性（油脂に溶けやすい性質）のものが多く報告されている。初期成長期に体質をコントロールすることで、牛の体内に脂肪組織がより多く蓄積されれば、脂溶性ビタミンや機能性物質（CLAやリノレン酸など）の量も多くなり、生産された牛肉は、人間の病気を予防する効果が高くなることが予想されている。おいしさと機能性をあわせもった牛肉が生産できると期待されている。

体脂肪の燃焼に欠かせないカルニチン

放牧の効果はそれだけではない。牛肉中の機能性成分の一つであるカルニチンが増加するという研究もある。カルニチンは脂肪酸の燃焼を助ける働きをもち、体脂肪の燃焼には不可欠な物質である。また、カルニチンはスタミナ源としての効果も認められている。体組織が、エネルギー源としてグリコーゲンを利用すると、すぐになくなってしまうが、脂肪をエネルギー源として利用すれば、より長く運動することができるようになる。

ビタミン、機能性物質が豊富な放牧和牛

放牧風景。肥育期にしっかりと放牧させることで、肉質を高めることができる

放牧牛の肉。ビタミンや機能性物質を豊富に含む

おいしさを引き出す技術

熟成で、筋肉が食肉になる

と畜直後の筋肉はやわらかいが、しばらくすると死後硬直を起こす。このときの肉はかたく、風味が乏しいため、おいしくない。しかし一定期間低温で貯蔵することにより、やわらかくなるとともに、筋肉に含まれるタンパク質分解酵素などにより味や香りがよくなる。これを熟成といい、筋肉は食肉へと変化し、おいしくなる。

牛肉の場合、遊離アミノ酸であるグルタミン酸ナトリウムがおいしさに重要な役割を果たす。昆布からグルタミン酸を取り出した池田博士がこの成分をうま味と称し、今ではUmamiが世界共通の用語になっている。また、核酸関連物質であるイノシン酸もうま味の成分だ。熟成によって向上するうま味は、これらの成分が関係する。熟成に要する期間は、2℃で貯蔵した場合、牛は10～15日、豚は4～6日、鶏は1日程度である。

甘いミルクのような香り

と畜直後の牛肉は生臭さがあるが、熟成すると甘いミルクのような香りが強くなり、生臭さはなくなる。味にも関係する遊離アミノ酸やペプチドが増加するためだが、空気中で熟成するとさらに好ましい生牛肉熟成香が出てくる。この香りは、赤身と脂身の共存部に増殖する細菌が、パルミトレイン酸、オレイン酸などを原料にしてつくるものだ。熟成した加熱牛肉でも感じられることから、牛肉のおいしさを決める重要な要因の一つだ。

ドライエイジング、氷温熟成とは

こうした熟成の効果をいかに引き出すか、食肉取扱業者の腕の見せ所だ。最近話題になっているのがドライエイジングと氷温熟成の技術。

ドライエイジングとは、赤身牛肉の場合、温度1～2℃、湿度75～80％前後に保ち、常に空気が動く状態にコントロールした熟成庫内で、ブロックまたは骨付き部分肉を1カ月以上熟成させる方法だ。その結果、フレーバー（味、香り）は濃厚なものに変化する。熟成がすすむと、肉の外観は赤黒く変色し、薄い白カビなどが発生する場合もあるが、それが最高の状態ともいえる。乾燥・変色部やカビ部を切り取ると重量は減るので、当然、コストがかかることになる。

一方、氷温熟成とは、摂氏0℃以下でも凍らずに細胞が生き続ける温度である氷温で行う熟成方法。いわゆる寒ざらしや寒仕込みなどと同じ原理で、この方法で約1カ月間熟成した豚肉が市場に出回りはじめている。うま味成分のアミノ酸が増加し、やわらかく甘くまろやかな味わいの豚肉になる。

ドライエイジング・氷温熟成

ドライエイジング（乾燥熟成）で熟成した牛肉。乾燥した部分やカビが生えた部分は削ってしまう

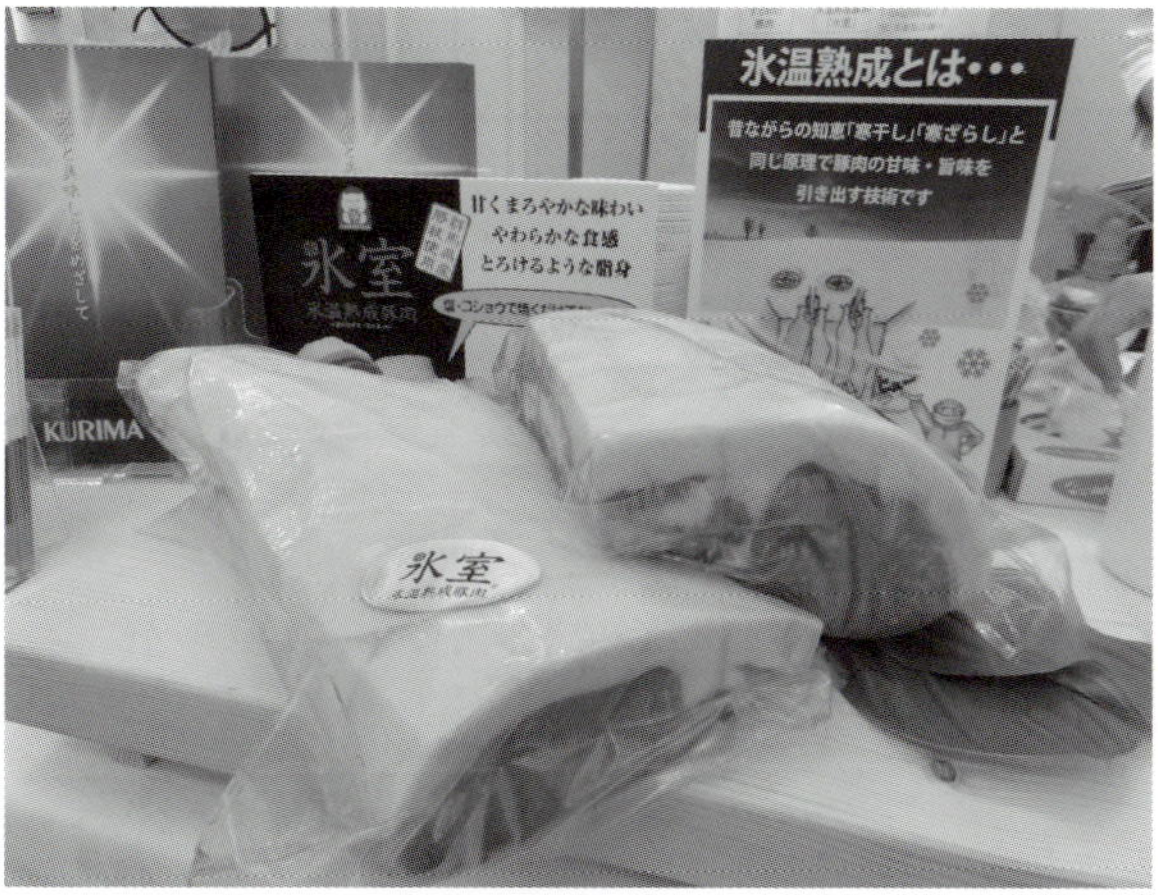

氷温熟成の豚肉。0℃以下の温度で熟成すると、遊離アミノ酸や糖類を含む不凍物質が出て、肉がおいしくなる

食肉の加工技術

手軽においしく楽しめる食肉製品

食肉にはすぐれた加工特性がある。その特性を活かして、さらにおいしく、保存性を高め、手軽に楽しめるようにしたのがハム、ソーセージなどの食肉製品だ。加熱しても、乾燥しても栄養価値が変わらず、調味や成形がしやすいこともあり、食味、色、食感、香りなどが肉そのものとはひと味もふた味もちがった、バラエティに富んだ製品が流通している。

食肉製品のうち最も生産量が多いのがソーセージ類で、全体（年間約50万トン）の6割弱を占めている。ソーセージやベーコンの製造工程は次頁のとおり。

ハムは、原料肉の整形→塩漬《えんせき》→充てんもしくは巻き締め→乾燥・くん煙→加熱・殺菌→冷却→包装・検査と工程は少ないが時間がかかる。

しかし、原料肉の良し悪し、加工技術によって、出きばえに大きく差がでるのも食肉製品の特徴。食肉はと畜後、一定の熟成期間を経て利用されるが、時間の経過とともにタンパク質の構造が変化する。たとえば、と畜直後の肉をひき肉にして圧力をかけても水分が分離することはないし、水を加えて混ぜると肉が水を吸収してしまうほどの保水性を示す。さらには、肉の細かい粒がくっつきあってまるで肉の塊のようになる結着性もある。しかし、長時間たってしまうと、保水性、結着性が徐々になくなる。ところが、食塩を添加すると、再び保水性、結着性がでてくる。

と畜後の時間の経過に比例して、筋肉タンパク質の多くを占める塩溶性の筋原線維タンパク質であるアクチンとミオシンが結合してアクトミオシンになることが要因。ミオシンが肉の保水性や結着性に重要な役割を担っているので、加工段階の塩漬の工程で加える食塩によりミオシンが抽出されると、再び保水性、結着性を有するようになる。また、ミオシンはマイナス2℃以下の冷凍状態、あるいは約13℃以上で変性するので、加工する際は、鮮度の高い原料を使用することと、製造工程で肉温を上げないことが重要である。

ソーセージづくりには高性能のカッターが欠かせない

食肉加工機械として、チョッパー（肉ひき）、ミキサー（混合）、カッター（微細切）、スタッファー（充てん）、スモークハウス（くん煙）などが必要になる。とくにソーセージの製造に当たっては高性能のカッターがなければおいしいソーセージをつくるのはむずかしい。

塩漬時に使用される発色剤（亜硝酸塩）は、肉色素をきれいな薄赤色に固定するとともに、ボツリヌス菌などの食中毒菌の繁殖を抑制する。食肉製品独特の「キュアリング・フレーバー」という香りの成分を醸し出す効果もある。

食肉製品の製造工程

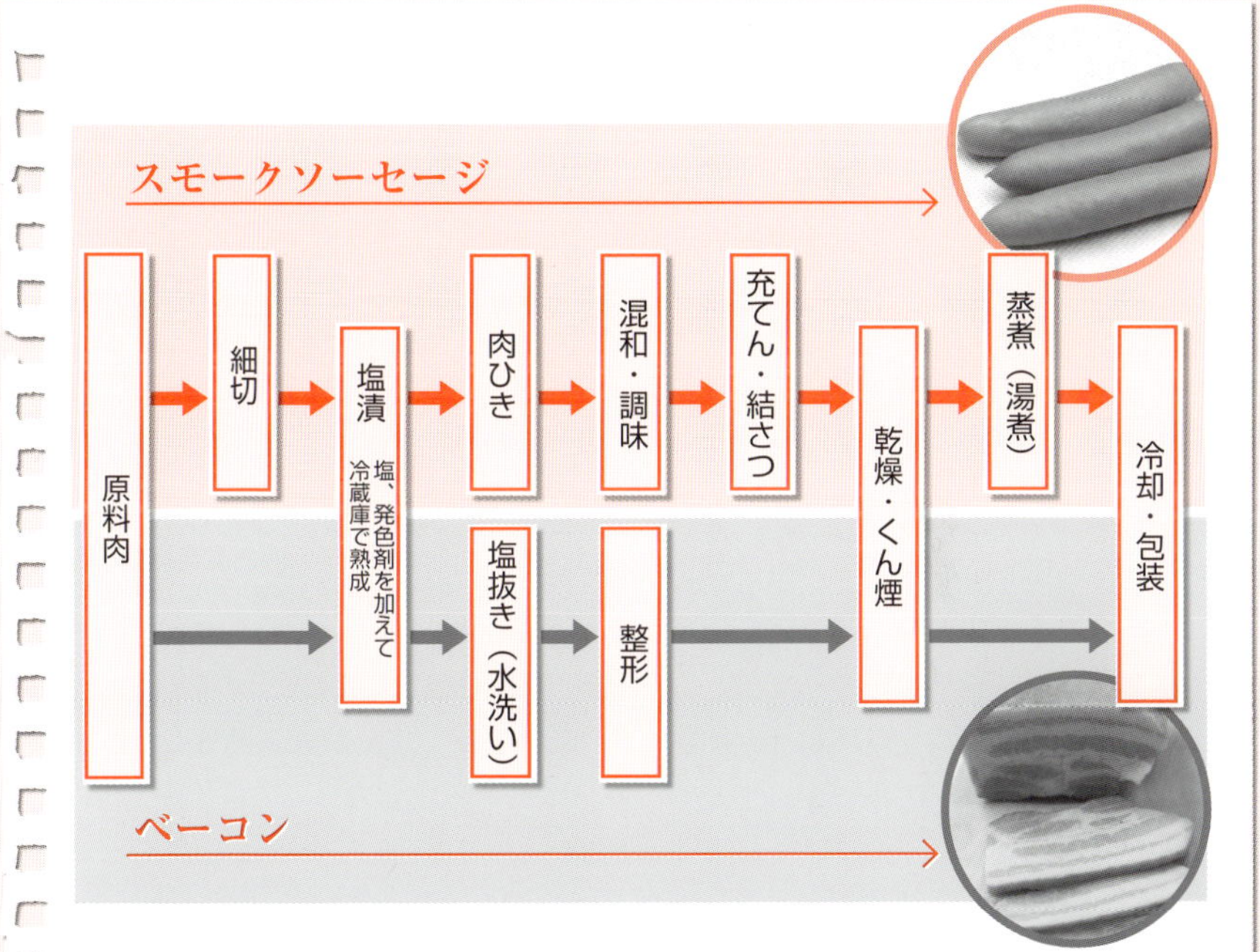

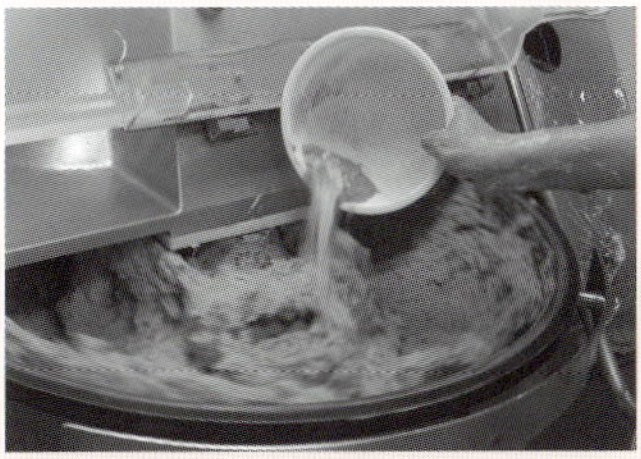

混和・調味。高性能のカッターでひき肉状の肉をさらに細かくしながら、調味料、香辛料で味付けをする

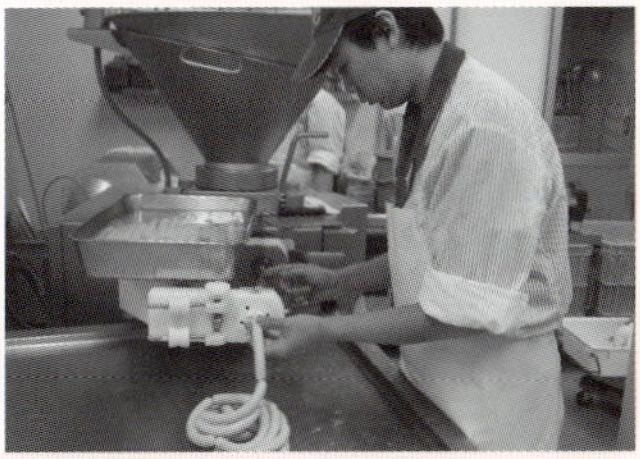

充てん。肉をケーシング（皮）につめる。ケーシングには羊や豚の腸皮が使われる。また、コラーゲンやセルロースでつくった人工のケーシングもある

おいしさより安全優先――肉の生食リスクを避けよう

●馬肉ユッケでも食中毒が

2013(平成25)年2月に石川県の焼肉店で馬肉ユッケ(通称・さくらユッケ)を食べた客が、下痢などの症状を訴え、腸管出血性大腸菌O157が検出された。馬は、内臓を食材として利用しないので、内臓中に常在するO157が馬肉と交わることはないはず。食肉関係者は大いに首をかしげた。それが驚きに変わったのは、馬肉を納入した業者が、加熱用の輸入馬肉を生食の馬刺しやユッケ用として偽って販売していたと捜査のメスが入ったときだ。渦中の老舗業者に対して、商取引上ありえない安全・安心を軽視した安易な経営姿勢に、業界内部からも非難の声が上がった。

●生肉を食べるリスクは大きい

O157と言えば、1996(平成8)年に発生した、大阪府堺市の学校給食による集団感染が思い起こされる(患者数8000人弱、死者3人)。この菌はベロ毒素をつくりだし、細胞を破壊、患者は血便と激しい腹痛にみまわれ、子どもや高齢者など抵抗力の弱い者をしばしば死に至らしめる。

O157だけではない。2011(平成23)年に発生したチェーン店「焼肉酒家えびす」でのO111による集団食中毒では、5人もの死者が出た。これらを契機に、刺身やユッケなどは特別な対策(専門の場所や機具を使った加熱処理や、加熱処理肉の周囲のトリミング)が義務づけられた。厳しい基準に実質供給がストップして、ユッケ愛好者をがっかりさせていた。その代替としての馬肉ユッケだったが、とんだ結末になってしまった。どんな生肉も、リスクが大きいことを消費者は認識すべきだろう。

最近になって、専用設備をもつ業者がユッケ用に加工した生の牛肉を、1人前ずつ密封・冷凍したパックユッケが流通しはじめている。今のところ、安全にユッケを提供する最良の方法だろうが、リスクがゼロになったわけではない。

愛好者が多いユッケだが、リスクが大きいことも認識すべき

第3章

肉の栄養

肉には、人間が成長するのに必要な、タンパク質がたくさん含まれている。そのほかにも、体に役立つ成分が豊富だ。もちろん、牛、豚、鶏によって含まれる成分は異なるし、部位によっても変わる。それらを理解し、必要に応じて部位や調理法を賢く選んでいきたい。

食肉と健康

食肉は悪役なのか？

肉を食べると太る、肉はコレステロールがたまる、などとよく言われている。確かに肉は、野菜などに比べるとカロリーが高いこともあり、そうしたイメージをもたれるのかもしれない。

食生活の欧米化によって、肥満や糖尿病などの生活習慣病、がんなどの発生が増えた、などとも言われる。これはむしろ、栄養状態が改善したことによって日本人の寿命が延びたため、こうした疾病にかかる危険性が高まったと見る方がよいだろう。

戦後、日本人の寿命が延びた原因の一つとして、食肉をはじめ、牛乳や乳製品など、動物性食品の摂取量の増加があげられている。

健康な体の維持に欠かせないタンパク質

日本人の体格も、約100年の間に大きく変化した。身長を例にあげれば、1900（明治33）年の調査では、17歳男子の平均は157・9センチであったものが、2012（平成24）年では170・7センチと、約13センチも伸びた。女子も147・0センチから158・0センチと、11センチ伸びている。こうした発育の向上も、動物性タンパク質の摂取量の増加が、その一因だろう。

タンパク質は人間の体を構成する主要な成分であり（人間の体の15～20％を占める）、成育には欠かせないものだ。またタンパク質は常に合成と分解を繰り返しており、代謝回転（ターンオーバー）している。代謝のスピードは体の部位によって異なる。たとえば、肝臓なら2週間、筋肉では半年で、半分が入れ替わる。こうしたことからも、健康な体を維持するためには、良質なタンパク質の摂取が重要だといえる。

食肉は長寿食でもある

高齢者は食肉の摂取をひかえた方がよい、などという声もある。ところが実際には、むしろ食肉を積極的にとった方がよい。タンパク質の摂取が必要であることはもちろん、ほかにも食肉には様々な機能があるためだ。

たとえば、食肉の脂肪に含まれる脂肪酸から生成される生理活性物質には、免疫力を高める効果があるし、牛肉のカルニチンには脂肪燃焼の効果がある。また、豚肉には多くのビタミンB_1が含まれており、炭水化物をエネルギーに変える役割を果たしている。

誰でも健康で長生きしたい。食肉は、そのための力強い味方だといえる。

健康に欠かせない食肉

平均寿命とタンパク質摂取量

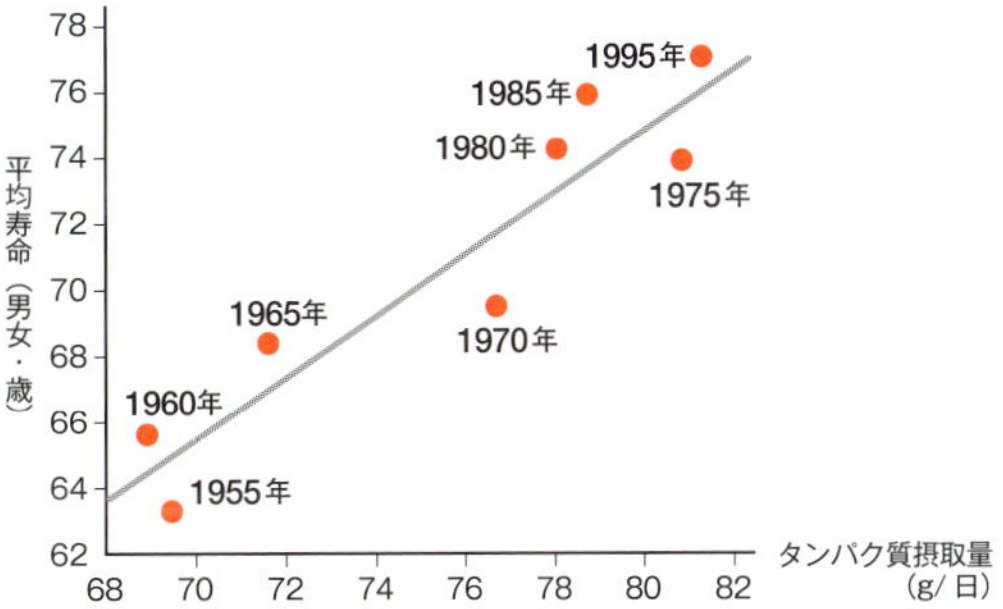

（資料：（公財）日本食肉消費総合センター「食肉と健康Q&A」）

タンパク質の1日当り必要量 （単位：g）

年齢（歳）		男性		女性	
		推定平均必要量	推奨量	推定平均必要量	推奨量
10～11		40	45	35	45
12～14		45	60	45	55
15～17		50	60	45	55
18～29		50	60	40	50
30～49		50	60	40	50
50～69		50	60	40	50
70以上		50	60	40	50
妊婦	初期			＋0	＋0
	中期			＋5	＋5
	末期			＋20	＋25
授乳婦				＋15	＋20

注．人によっては不足である場合が推定平均必要量では50%あり、推奨量では2～3%ある

（厚生労働省「日本人の食事摂取基準（2010年版）」より抜粋）

平均寿命と脂肪摂取量

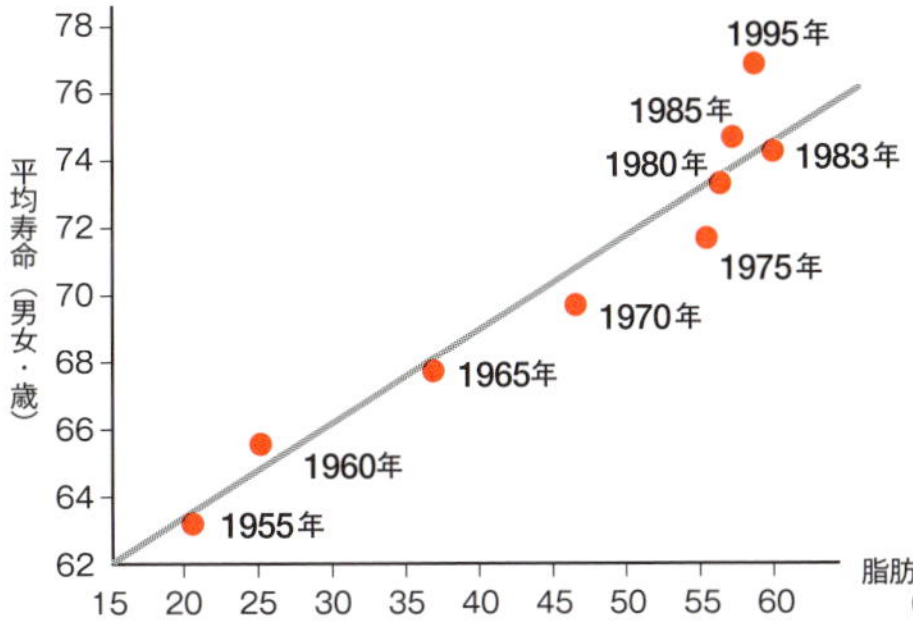

（資料：（公財）日本食肉消費総合センター「食肉と健康Q&A」）

牛肉の栄養

部位を選んで賢く食べる

牛肉の栄養と一口に言っても、各栄養素の含まれる割合は和牛、交雑種など品種によってもちがうし、部位によっても差が大きい。

たとえば、和牛のカルビは非常に脂肪が多く、肉の50%が脂肪である。ほかの部位であっても、牛肉にはサシが入っているため、豚や鶏に比べると脂肪の含有量が多く、カロリーが高い。脂肪も人間の体を構成する重要な栄養素であるが、摂取量が多すぎれば肥満にもつながる。これまで人間は飢餓状態にある時代が長かったため、飢餓に備えて栄養を体に蓄え、それを維持しようとする機能が備わっている。肥満が気になる場合は、脂肪分の少ない部位を選んだり、脂肪の摂取が少ない調理方法を選ぶなど、食べ方を工夫するとよいだろう。

牛肉の色が赤いのは、血をつくる働きが強いしるし

牛肉は、ほかの肉に比べて色が赤い。これは、ミオグロビンという色素タンパク質の含有量が0.5%と、多く含まれているからだ。豚のミオグロビンは0.06%なので、牛肉はその8倍もある。

ミオグロビンは、ヘモグロビンと似た構造をしている。ヘモグロビンは、ヘム（ポルフィリン環と鉄の結合物質）とグロビンが結合したタンパク質で、鉄を含んでいる。ミオグロビンは、筋肉中のグロビンタンパク質という意味であり、同様にヘムを含む。ヘモグロビンやミオグロビンに含まれる鉄は、ポルフィリン環と結合した鉄で、ヘム鉄と呼ばれており、野菜などに含まれる遊離鉄（ほかの物質と結合していない鉄）に比べて、体内に吸収されやすいのが特徴だ。

牛肉には、ほかの食肉よりも多くのビタミンB_{12}が含まれている。ビタミンB_{12}は、赤血球のＤＮＡの合成に必要な葉酸の働きを助ける。血液の生成に役立つ成分だ。

このように、ミオグロビンが豊富であり、ビタミンB_{12}も含む牛の赤肉には血をつくる働きがある。貧血の予防に効果のある食品と言えるだろう。

脂肪の分解をうながすカルニチン

もう一つ、牛肉にはカルニチンが豊富に含まれるという特徴がある。カルニチンは脂肪の分解を促進し、エネルギーに変える働きをもつ。必須アミノ酸であるリジン、メチオニンからも合成されるが、その量は必要量の4分の1程度にすぎず、残りは食品からとる必要がある。肉を食べると太ると考えている人も多いが、実は食肉のなかにも脂肪を分解する力のある栄養素が含まれているのだ。

人の健康を守る牛肉の成分

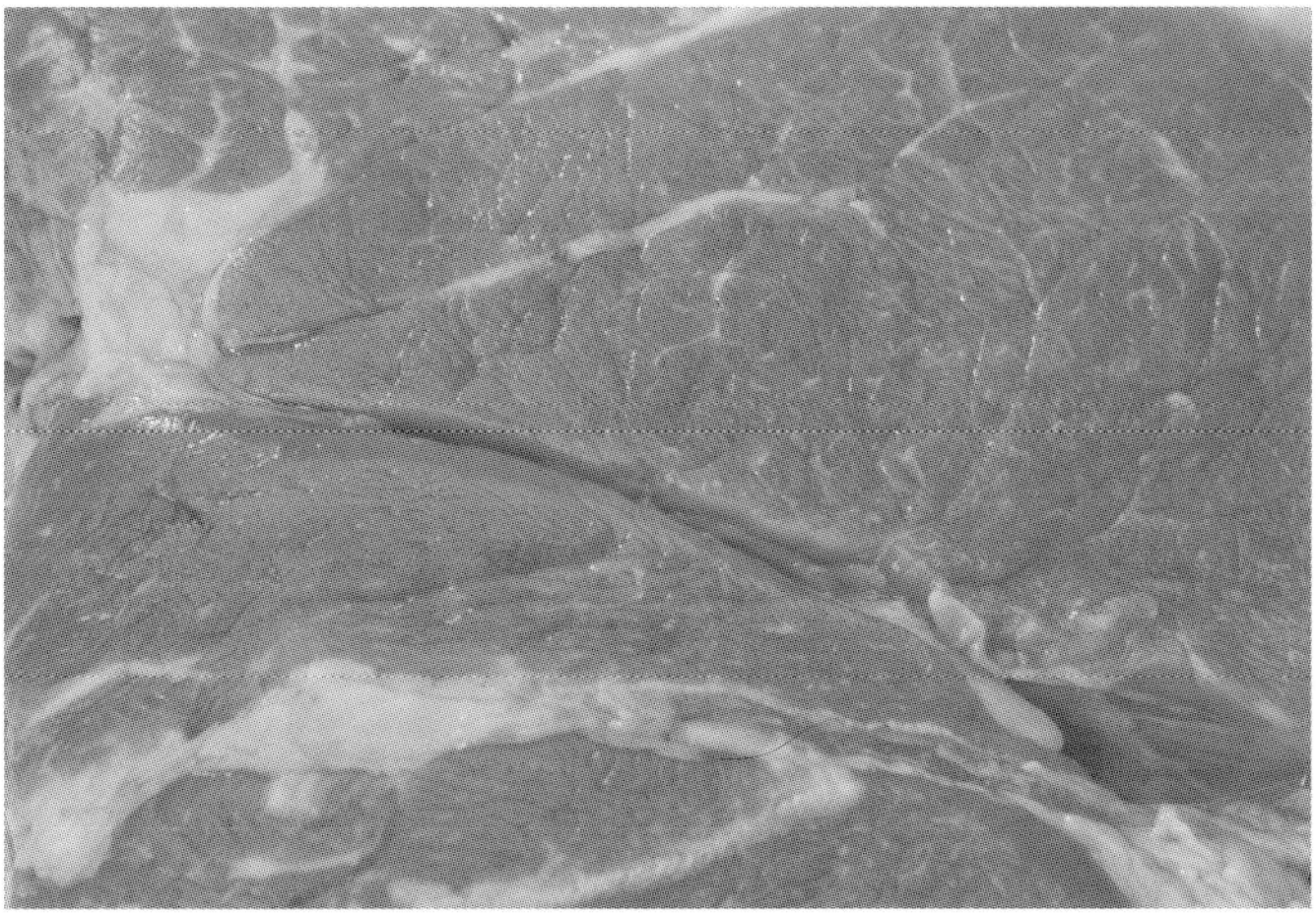

牛のカタ肉。カタやモモの筋肉は酸素消費量が多いので、その供給源として多くのミオグロビンが含まれている

病気を予防する牛肉の機能性成分

成分	効果
アミノ酸	（タンパク質）
カルニチン	脂肪燃焼促進作用
ヘム鉄	貧血予防効果
共役リノール酸（CLA）	抗がん作用、体脂肪減少効果
オレイン酸	LDL コレステロールの減少および酸化抑制効果、血圧降下作用

注. 共役リノール酸（CLA）：天然に存在する脂肪酸で、牛肉、羊肉、乳脂肪などに含まれている

（資料：（公財）日本食肉消費総合センター「牛肉の魅力」）

豚肉の栄養

豚肉はパワーの源

豚肉は牛肉とよく似た組成をもつ食肉であるが、最も特徴的なのは、ビタミンB_1が牛肉の5～10倍も含まれていることだ。ビタミンB_1はチアミンとも呼ばれる生理活性物質で、糖質などの代謝に用いられる。このビタミンB_1が不足すると、脚気や神経性の疾病にもつながる。

日本人の主食はコメであり、その主成分は炭水化物である。炭水化物は体内でブドウ糖に分解され、人間が活動するためのエネルギー源となる。この炭水化物の分解に、ビタミンB_1が関与している。

ブドウ糖は脳の働きにとっても重要なエネルギー源で、脳を使うために用いられる。たとえば、勉強するときにチョコレートを食べるとよいなどと言われるのは、エネルギー源となる糖分を手っとり早くとるためだ。

しかし、いくら糖分をとっても、ビタミンB_1がなくてはエネルギーとなるブドウ糖に分解することはできない。炭水化物とともにビタミンB_1をとることも忘れてはならない。

ビタミンB_1ならウナギより豚肉

豚肉のほかにビタミンB_1の多い食品といえば、われわれになじみの深い食べ物であるウナギがあげられる。日本では江戸時代から「土用の丑の日」に夏バテを防ぐためにウナギを食べる風習があるが、これはあながち迷信でもないのだ。土用の丑の日の風習は平賀源内が広めたものといわれているが、ウナギに疲労回復効果があることを経験的に知っていたのかもしれない。

100グラム当りのビタミンB_1の含有量は、ウナギが0.75ミリグラムであるのに対し、豚ヒレ肉は0.98ミリグラムと、約1.2倍もある。100グラムで1日に必要なビタミンB_1が摂取できるほどだ。モモ肉などに多く含まれるが、バラ肉などにはやや少ない。ビタミンB_1は筋肉のなかに含まれているため、脂肪が多いバラでは含有量は少なくなる。

天然のニホンウナギが絶滅危惧種に指定され、価格高騰が懸念されている。豚肉は、価格的にも安価で日常的に食卓に並べることができる。体力の落ちやすい夏場などには、うまく献立にとり入れていきたい。

豊富に含まれる栄養素

豚肉には、ビタミンB_1以外にもビタミンB_2・E、ナイアシンなどが豊富に含まれている。さらに豚肉が良いのは、良質なタンパク質が豊かな点だ。また、肝臓の機能を高めたり、コレステロールを低下させるペプチドが、豚肉のタンパク質からもつくられることがわかり注目されている。

豚肉はビタミン B_1 の王者

動物性食品のビタミン B_1 含有量

食品名	ビタミン B_1 含有量（mg/100g）
豚ヒレ（赤肉、生）	0.98
豚モモ（脂身つき、生）	0.90
ボンレスハム	0.90
ウナギ（蒲焼）	0.75
豚ロース（脂身つき、生）	0.69
豚カタ（脂身つき、生）	0.66
フナ（生）	0.55
コイ（生）	0.46
鶏卵（全卵、生）	0.43
イクラ	0.42

（資料：（独）国立健康・栄養研究所ホームページ「『健康食品』の安全性・有効性」）

豚肉・牛肉の部位別成分表

（100g中）

	カタロース 赤肉（生）		ヒレ 赤肉（生）	
	豚	牛	豚	牛
熱量（kcal）	157	316	115	223
タンパク質（g）	19.7	16.5	22.8	19.1
脂質（g）	7.8	26.1	1.9	15.0
ビタミン B_1(mg)	0.72	0.07	0.98	0.09
葉酸（μg）	2	7	1	8
鉄（mg）	1.1	2.4	1.1	2.5

（資料：（財）日本食肉消費総合センター「豚肉のチカラ」）

鶏肉の栄養

高タンパクで必須アミノ酸が豊富

鶏肉は、食肉のなかでも高タンパク質でかつ低カロリーな食品だ。鶏肉100グラム中には25グラム（モモ、ゆで）のタンパク質が含まれている。成人男性1日のタンパク質必要量は60グラムなので、鶏肉を100グラム食べれば、その40％以上をまかなえることになる。

鶏肉に限らず、食肉は9つの必須アミノ酸がすべて100％以上含まれているアミノ酸スコア100の食品である。たとえば、皮なしの鶏ムネ肉は、筋肉の維持や成長に必要なロイシンやバリン、タンパク質の合成に必要なメチオニンを豊富に含んでいる。これらの必須アミノ酸は、人間の体で合成することはできず、食品からとるしかない。

理想的な脂肪酸バランス

鶏肉は、脂肪酸組成のバランスのよい食品でもある。脂肪酸には、飽和脂肪酸、一価不飽和脂肪酸、多価不飽和脂肪酸の3つがあるが、このバランスが3：4：3であることが理想とされている。鶏肉は3.0：4.4：1.6と、食肉のなかで最も理想に近い。

多価不飽和脂肪酸には、体内では合成できない必須脂肪酸が含まれている。代表的な必須脂肪酸は、リノール酸とα-リノレン酸で、欠乏すると発育不全や腎障害などを起こす。

抗酸化作用のあるビタミンAもたっぷり

ビタミンAが豊富に含まれていることも、鶏肉の特徴だ。ビタミンAは、ビタミンC・Eと並んで強い抗酸化作用をもっている。抗酸化作用とは、生体の酸化ストレスの原因となる活性酸素をつかまえ、無力化する働きのこと。活性酸素は、血管をつまらせて心筋梗塞や脳梗塞、ひいては細胞を変質させてがんを引き起こすなど、様々な病気の引き金となる。また、シミやしわの原因ともなり、老化を促進する。抗酸化作用をもつビタミンAは、様々な病気を予防し、老化を遅らせる働きがあるといえるだろう。

ビタミンAが欠乏すると、暗いところでものが見えにくくなる夜盲症となったり、粘膜や上皮細胞の疾患となることもある。

ビタミンAはレバーに多く、100グラム中に1万4000μg。皮付きの成鶏のムネ肉も72μgと豊富だ。ビタミンAは脂溶性ビタミンなので、皮下脂肪に多く含まれるため、皮なしの場合には50μgと減少してしまう。

カロリーを気にして鶏肉の皮を取ってしまう人も多いが、皮には体に良い機能もある。調理法を工夫して、うまく取り入れてみてはどうだろうか。

鶏肉は高タンパク、低脂肪が特徴

脂肪中の脂肪酸比率

	飽和脂肪酸	一価不飽和脂肪酸	多価不飽和脂肪酸
理想値	3	4	3
牛肉	3.0	3.8	0.4
豚肉	3.0	3.8	1.1
鶏肉	3.0	4.4	1.6

（資料：（公財）日本食肉消費総合センター「鶏肉の実力」）

鶏肉 100g に含まれる栄養素

食品	エネルギー	水分	タンパク質	脂質	炭水化物	灰分	鉄	ビタミンA	ビタミンB1
	kcal	g					mg	μg	mg
成鶏ムネ（皮なし、生）	121	72.8	24.4	1.9	0	0.9	0.4	**50**	0.06
成鶏ムネ（皮付き、生）	244	62.6	19.5	17.2	0	0.7	0.3	**72**	0.05
成鶏モモ（皮なし、生）	138	72.3	22.0	4.8	0	0.9	2.1	**17**	0.10
若鶏ムネ（皮なし、生）	108	75.2	22.3	1.5	0	1.0	0.2	**8**	0.08
若鶏ムネ（皮付き、生）	191	68.0	19.5	11.6	0	0.9	0.3	**32**	0.07
若鶏モモ（皮なし、生）	116	76.3	18.8	3.9	0	1.0	0.7	**18**	0.08

（資料：（公財）日本食肉消費総合センター「鶏肉の実力」）

食肉の生理活性物質

ストレスの影響を和らげるセロトニン

食肉はタンパク質や脂質、ビタミンなど、様々な栄養素を含み、体によい機能をもっている。たとえば、食肉はアミノ酸スコアが100で（必須アミノ酸がすべて100％以上含まれる）、アミノ酸組成のよい食品である。アミノ酸には、生理活性を有し、病気の予防が期待されるものが多い。

またセロトニンは、必須アミノ酸の一つであるトリプトファンから産生される神経伝達物質で、ドーパミンやノルアドレナリンなどの神経伝達物質をコントロールしてバランスをとり、精神を安定させる働きがある。

人は、ストレスにさらされたときなどには脳細胞のセロトニンの濃度を上げたり、あるいは下げないようにして、ストレスの影響を和らげることがわかっている。つまりセロトニンは、ドーパミンによって欲求が暴走することで依存症になることを避けるといった働きや、精神を安定させて快眠をもたらすといった働きをもっているのだ。なお、セロトニンの前駆物質であるトリプトファンは体内では合成できないため、食品からとる必要がある。

疲労回復に効果があるカルノシン

カルノシンはアミノ酸が2つ結合したイミダゾールジペプチドで、鶏肉に多く含まれる。活性酸素の働きを抑制する抗酸化作用があるため、老化防止や心筋梗塞、脳梗塞などの生活習慣病の予防に効果がある。

また、イミダゾールジペプチドには、筋pH低下の緩衝作用やカルシウムを体内輸送する役割などがあることもわかっている。それらの働きにより、疲労回復や運動能力の向上などにも一役買っている。

カルノシンと同じイミダゾールジペプチドには、アンセリンという物質もある。アンセリンは、カルノシンと同様の機能をもっていることがわかっている。また、牛肉にはほとんど含まれず、鶏肉に多く含まれている。たとえば、鶏ムネ肉のアンセリン含量は、100グラム中791ミリグラムである。

臓器を安定させるタウリン

タウリンは含硫アミノ酸から合成される分子で、牛タンに豊富に含まれるほか、牛レバー、牛ロース肉、豚ロース肉に多く含まれている物質だ。

タウリンには、組織のホメオスタシス（恒常性）を維持し、ヒトの健康状態を保つ働きが知られている。たとえば、浸透圧調節作用、腸管表面における抗炎症作用、抗酸化作用による心機能の改善といった働きが報告されている。

アミノ酸の生理機能

アミノ酸	報告されている機能性など
アルギニン	高アンモニア血症治療、成長ホルモン分泌、血管拡張
アスパラギン酸	肝機能改善
システイン	色素沈着改善、養毛
グルタミン	免疫能改善、肝障害抑制、アルコール代謝促進
グリシン	グルタチオン前駆体、睡眠改善効果
ヒスチジン	ヒスタミン前駆体、抗酸化
ロイシン	肝不全抑制、タンパク質合成促進、分解抑制、運動機能改善
メチオニン	脂質代謝改善、ヒスタミンの血中濃度低下
プロリン	保湿成分
セリン	脳の成長、保湿成分
トレオニン	肝脂肪蓄積抑制
フェニルアラニン	カテコールアミン、DOPA前駆体
トリプトファン	抗うつ、不眠改善
バリン	肝不全抑制

（資料：食品機能性の科学編集委員会編『食品機能性の科学』（株）産業技術サービスセンター、2008）

日本食と豚肉

●戦後の日本に必要だったタンパク質

埼玉県に（株）埼玉種畜牧場という養豚場がある。本社のある日高市では、直売所やレジャー施設も運営している。自社の豚肉を用いたハム・ソーセージなどの名称「サイボクハム」になじみのある人も多いかもしれない。

創業者の笹崎龍雄氏は、第二次世界大戦に従軍した後、帰国して養豚をはじめた。そのきっかけは、敗戦を海外で聞いた直後、自決を覚悟した兵士たちに上官が言った「君たちは帰国して祖国の礎となれ」という言葉だった。

帰国後、日本を立て直すためには栄養が必要と考えた笹崎氏は、タンパク質を安定供給することの重要性に思い至る。アメリカ人は牛肉をたくさん食べるが、日本人は米が中心の食事。このちがいが体格のちがいであり、米に合うタンパク質として豚肉が最適だと考えたのである。

戦後、食生活が欧米化して食肉が一般的なものになるにつれて、日本人の体格は向上し、寿命も伸びてきた。

●脚気とビタミンB_1

さらに、豚肉にはもう一つ米との相性がいい理由がある。それはビタミンB_1が豊富であるということ。

戦中は玄米だった主食が白米に戻ると、懸念されるのは脚気である。脚気はビタミンB_1欠乏症で、悪化すると神経障害による麻痺を引き起こし、ひいては死に至ることもある。豚肉はビタミンB_1が豊富な食品である。日本の主食のマイナス面を補うという点でも、豚肉は日本人の力となってきた。

●健康・長寿の秘訣は豚肉

笹崎氏は、96歳で天寿を全うされたが、毎日自社の豚肉を食べていたという。まさに、食肉が健康・長寿の秘訣であることを体現された方だった。

埼玉種畜牧場の「サイボクハム」

第4章
世界の肉食文化

肉は世界中で食べられている。それぞれの国に、特有の食べ方がある。馬肉を食べないイギリスや、大量生産で大量消費を支えるアメリカ、実は昔から肉を食べつづけていた日本、豚をまるごと使う沖縄。それぞれが、自然や歴史を背景とした肉食文化をもっている。

ヨーロッパの肉食文化

雨の少なさが、畜産を発展させた

乾燥地帯にあるヨーロッパは、湿潤なアジアモンスーン地帯に位置する日本とは、当然ながら農業の形態がちがう。ヨーロッパが乾燥地帯というと首をかしげるかもしれない。しかし、ヨーロッパの主要都市の降水量は日本の3分の1から2分の1程度なのである。したがって雨量に左右される穀物（麦）の生産量は、かつては日本よりも低かった。

次頁の表にヨーロッパと日本の主要都市の平均気温と降水量を示した。緯度も示してあるが、いちばん南のリスボンでさえ北緯38度で、仙台と同じくらいの緯度である。日本と街の様子や服装が変わらないのは、大西洋を北上するメキシコ湾流が暖流であり、偏西風の影響で暖かくなるためである。

草は自然に生えて牧草地となった。農耕とは別に、放牧による畜産が発展した理由がそこにあり、放牧した家畜が垂れ流すふん尿は肥料ともなった。麦はつづけて栽培すると次第に穫れる量が減る連作障害が起こる。そこで麦作と放牧を繰り返す穀草式農法が行われた。12、13世紀ごろには、耕地を春まきの大麦とエン麦、秋まきの小麦とライ麦、そして放牧の3つに分けて交互に使いまわす三圃式農法へと発展し、生産効率が飛躍的に高まった。このころ、家畜の生産量も増加する。それは、たんなる自然草ではなく、飼料用に改良された牧草が栽培されるようになったからである。

18世紀から19世紀の農業革命では、麦を収穫したあと、数年はクローバー、飼料かぶ、てんさい（砂糖用）、ジャガイモ、トウモロコシ、エンドウなどを栽培し、また麦の栽培に戻るという形ができあがった。麦以外の作物は牛や羊のエサになった。とくにジャガイモは豚のエサともなるので、生産量が増えた。

香辛料とジャガイモが肉食文化を形成

ヨーロッパでは、決して古くから肉食が主流だったわけではない。契機となったのは香辛料の輸入。腐敗防止と食味の点で肉食に欠かせないものだった。当時、貴重であった香辛料を生産地であるインドから直接入手することを目的の一つとして、15世紀から大航海時代がはじまった。

香辛料が手に入りやすくなると、食肉加工も一般的となった。さらに、新大陸発見でヨーロッパにもたらされたジャガイモが、庶民を飢えから解放し、豚の越冬飼育も可能にした。19世紀になると、冷蔵技術もすすみ本格的な肉食文化が花開くことになる。

ヨーロッパ人にとって、家畜は貴重な食料であった。そのため食べ方を研究し、頭から尾まで、骨や脳や内臓、そして血液までを余すことなく利用した。また保存食としてのハムやソーセージなども、国ごと、地域ごとに多彩となった。

ヨーロッパの気候と畜産

ヨーロッパと日本の主要都市の気候

都市名	緯度	平均気温（℃）			降水量（mm）		
		1月	7月	年平均	1月	7月	年合計
ロンドン	56° 21′	3.6	16.1	9.5	78	45	753
パリ	48° 58′	3.3	18.2	10.6	52	48	634
ベルリン	52° 29′	0.9	19.8	10.0	49	59	578
リスボン	38° 46′	11.4	22.7	17.2	93	4	753
ローマ	41° 52′	7.9	23.6	15.4	80	15	747
福岡	33° 35′	5.8	26.9	16.2	74	258	1,604
東京	35° 41′	5.2	25.2	15.6	45	126	1,405
札幌	43° 03′	− 4.6	20.2	8.2	108	69	1,130

（気象庁ホームページ、世界気象機関ホームページを改変）

イギリスの養豚

ドイツの肉牛飼育

アメリカの畜産と肉食文化

アメリカ大規模農業を支える土

家畜のエサとなる作物の育て方は、日本とアメリカで大きくちがう。作物は土なくしてつくれない。土がもっている性質から、どのような作物を植え、どのような管理をしたらよいのかを判断しなければならない。それはアメリカでも日本でも同じだ。その判断をするために土壌の診断が行われる。日本では、土壌の成分分析が主流だが、アメリカではちがう。土壌を見て、触って土地をどのように利用するか判断するのである。そのとき、最優先されるのが、流亡しやすい土壌か否かということである。

アメリカでは、一定の面積が同じ高さになるよう等高線上に連続して大区画を造成し作物を植える。土壌の流出防止と肥料の有効利用、そして作業性の向上が目的である。

アメリカでは土を確保し、少ない水を有効利用し、大規模効率的に農業を行うことが優先される。大規模経営では、作業性を重視して巨大な農業機械を使う。家畜のエサとなるトウモロコシは、そうして生産される。

食肉大量生産革命

新大陸に乗り込んだヨーロッパ人は、原野や森林を開拓し、原住民の食料だったトウモロコシを家畜の飼料とした。1930年代には、大規模経営で生みだされたトウモロコシが余るほど生産されていた。この余った穀物を利用して家畜の大量肥育がはじまった。

ブロイラーは、トウモロコシをたくさん食べさせ、短期間で肉にする。ビタミンDと抗生物質の開発で、太陽と土がなくても育つようになった。

豚は、大量の母豚を、ずらっと並ぶストールと呼ぶ囲いのなかで妊娠・分娩を管理する。ストレスによる繁殖障害はホルモン剤などで対策を打つ。生まれた子豚は、自動給餌される配合飼料を食べ続け約6カ月で肉になる。ストレスなどで発生する病気を防ぐために抗生物質や栄養剤を使用する。

肉牛は、生後1年以降にフィードロットと呼ばれる集中肥育施設(広大な敷地をコンクリートと鉄柵で区切った区画)内で、トウモロコシを主体とした配合飼料などが与えられ肥育される。日本やヨーロッパでは禁止されているが、アメリカでは、成長促進剤として成長ホルモンの使用が認められている。もちろん獣医師の管理のもとに、定められた休薬期間を守り投与される。

なお、FAO(国際連合食糧農業機関)の調査では、アメリカ人の一人当りの年間食肉消費量は、1961(昭和36)年で90キロ、2005(平成17)年では125キロである。同じ調査で日本人の2005年の消費量は45キロだから、アメリカ人は日本人の3倍近い肉を食べている。

アメリカの大規模な畜産

フィードロット。牛、牛、牛の世界が続く

日本の肉食の歴史（1）日本人の肉食習慣

禁止令後も肉を食べつづけた日本人

日本列島における肉食のはじまりは、今から20万年前から1万3千年前の岩宿時代（旧石器時代）。つまり日本列島に人が住みはじめたころからだ。縄文、弥生、古墳、飛鳥、奈良とつづいていく時代のなかで、狩猟時代の縄文時代はもちろん、稲作がはじまった弥生時代以降も獣肉は食べられていた。それが奈良時代になって仏教伝来とともに肉食が禁じられる。そのため肉食習慣は日本にはなくなったというのが定説になっている。

たしかに675（天武4）年に日本初の肉食禁止令（狩猟の規制、牛・馬・犬・猿・鶏の肉食を禁止する詔）がだされている。しかし、それ以降の時代にも、肉を盛んに食べていたところもあったようだ。鎌倉時代から室町時代（13世紀半ばから16世紀）にかけての遺構、広島県福山市の草戸千軒町遺跡から出土された獣骨の調査から肉食が明らかになっている。織田信長が活躍した時代には南蛮貿易がはじまり、西洋人が肉食をもちこんだ。しかし、キリスト教の禁止や鎖国政策により、肉食は欧米のように日常食とはならなかった。

薬食いとしての肉食

日常食ではないながらも、武士や貴族の間では、薬食いと称して、肉は食べつづけられていた。鷹狩りの獲物である野鳥やウサギなどだ。ウサギを一羽二羽と数えることからも鳥とみなして食用にしていたことがうかがえる。また、彦根藩が、牛肉の味噌漬けを将軍家に献上した記録も残っている。

元禄・文化文政時代には、上方や江戸に町民文化が花開き、食生活も豊かに、ときにはぜいたくになった。町民も薬食いと称して、ぼたん（イノシシ肉）、もみじ（鹿肉）、さくら（馬肉）をおもに鍋にして食べた。

江戸中期から後期にかけては「山くじら」の看板をだしてイノシシ肉を食べさせる店も現れた。江戸の麹町には、ももんじ屋という獣肉や野鳥の肉を売る店も現れ繁盛した（ももんじとは、イノシシ・鹿・狸のこと）。川柳にも「祭りにもけだものをだす糀町《こうじまち》」、「狩場ほどぶっ積んでおく糀町」と詠われている。

文明開化の象徴、牛鍋屋

「牛肉は滋養によい」という福沢諭吉の影響もあって、明治になると日本人向けに牛鍋を食べさせる店が現れた。文明開化の象徴として牛鍋屋は急成長。1877（明治10）年ごろには東京で558軒にもなったという。肉質にもうるさくなり近江牛が上等肉として評判を呼び、明治末期には米沢牛が東京に運ばれている。

山くじらと牛鍋

「山くじら」の看板（L. クレボン模写、京都外国語大学附属図書館所蔵）

文明開化のシンボルの牛鍋をつつきながら、「肉を食わないものは、無教養だ」とあおり立てる男。仮名垣魯文『安愚楽鍋』（岩波書店）より

日本の肉食の歴史(2) 庶民に普及した肉食

戦争を契機に広がった牛肉

都会だけでなく、地方にも牛肉が広がった事には、日清・日露戦争が大きな役割を果たした。富国強兵を掲げた明治の日本、その中核となる大日本帝国陸軍では、欧米列強に対抗するための強兵実現の方策の一つとして肉の効用を高く評価し、牛缶(牛肉大和煮缶詰)を携帯口糧(軍人用の携帯食料)として支給した。兵役を終えて故郷に帰った人々が、その味を懐かしがり、缶詰を買い求めたり、料理に肉を使うようになったという。

豚肉の登場

日清・日露戦争時には、牛肉が不足気味で高価なものになってきていた。そこで登場したのが豚肉だ。都会の生活からでる残飯や、軍隊駐屯地の残飯をエサとして養豚業が発達した。当時は、おもにベーコンやハム、缶詰などにして食べられた。

また、明治時代のカツレツは牛肉が中心だったが、大正時代になると豚肉を使ったポークカツレツ、つまりとんかつに変わっていった。このころになると、庶民の食卓にもカレーライスやオムレツ、コロッケ、フライなどの洋食が登場するようになる。そして、支那そば(中華そば)のチャーシューとして豚肉が使われるようになり、消費がのびていった。

食生活の欧米化で肉食が急増

第2次世界大戦前後、肉食の普及は中断を余儀なくされた。戦後、食肉が正式に小売店に登場したのは1949(昭和24)年。豚の生産が戦前のピーク時まで戻ったのが1956(昭和31)年だ。このころに神武景気がはじまり、復興から高度経済成長へとすすみ、食肉の消費量も戦前を超えた。これ以降、食生活の欧米化も急速にすすむ。FAO(国際連合食糧農業機関)の調査によると、1961(昭和36)年の日本人一人当りの食肉消費量は10キロ以下だったが、45年後の2005(平成17)年には4倍以上の約45キロにまで増えている。＊日本の食料需給表では29・6キロである。

食肉の消費量は多い順に、豚肉、鶏肉、牛肉となっている。旺盛な食肉消費を支えるために畜産経営の大規模化、多頭化がすすみ、養豚経営は個人でも数百頭、企業経営では数千頭という規模にまでなっている。

一方、主食である米の消費量は1960(昭和35)年の114・9キロから2005(平成17)年には61・4キロとほぼ半減した。輸入飼料に頼らざるを得ない日本の畜産。食肉消費がさらに増えるということは、食料自給率の低下につながると懸念されている。また長寿時代を支える食肉だが、これ以上の消費増は生活習慣病の増加につながるとも懸念されている。

肉食文化の広がり

豚肉を使った「とんかつ」が広まったのは大正時代

神戸牛を使ったビフテキ。
昭和のごちそうといえば、なんといってもビフテキだった

一頭丸ごと利用する沖縄の豚料理

長寿を支える食習慣をもう一度

２０１０（平成22）年に厚生労働省から発表された都道府県別生命表によると、平均寿命のトップは男女とも長野県だった。前回まで女性のトップだった沖縄県は3位。沖縄県の男性にいたっては、１９８５（昭和60）年にはトップだったが、現在ではなんと30位となっている。

長寿日本一の座を明け渡した沖縄県。沖縄県といえば豚肉をよく食べることで有名。その豚肉を食べなくなったことが原因かというと、そうではない。かつては豊富な野菜といも類、魚介類、海草類、そこにハレの日に食べる豚肉料理というバランスのとれた食生活であった。加えて温暖な気候と体を動かす生活習慣が、健康と長寿を支えていたのだ。

それが、米統治下の影響で、過度の肉食やファストフード文化の浸透、さらに便利な車への依存による運動不足に陥り、結果として肥満率が日本一となってしまった。女性も、長寿日本一から滑り落ちてしまった沖縄県。このままでは、さらに寿命が低下するのではと危惧されており、現在もう一度、食生活を中心に、生活習慣の見直しがはじまっている。

豚を丸ごと、むだなく調理

沖縄の豚料理には、６００年以上の歴史がある。琉球王朝時代に「牛肉を食べてはならぬ」とされ、同時期に普及したカライモ（サツマイモ）を飼料とした豚の飼育が庶民に普及した。とはいえ、豚料理は近年まで行事食であって、日常的に食べていたものではなかった。

「十二月末になると、各家庭で飼っている豚を殺して正月に使い、残りは塩漬けにする。血、内臓、肉、骨、脂と、全部別々にして塩漬けにし、四月ごろまでの行事食やふだんの食事に使う」（『日本の食生活全集　聞き書　沖縄の食事』農文協刊より）とある。貴重な豚肉だからこそ丸ごと使ってむだにしないし、日常では少しずつ使っていた。

海草や野菜と一緒に食べる

料理として有名なのは、バラ肉の角煮のラフテー、あばら骨の部分を煮込んだソーキ、耳の部分の毛を剃って軟骨ごと食べるミミガー。また、トンソクの部分を、毛を処理してからじっくりと煮込んだ足ティビチなどはコラーゲンが豊富で美容によいとされている。いずれもよく煮込んで、ときにゆでこぼし、灰汁と一緒に浮き出た脂肪を取り除いてから料理に使う。そして、海草や野菜を一緒に食べるというのが沖縄の食事の基本形だ。豚料理は、豚肉だけを食べるのではない。地域の産物と組み合わせて食べることで、独自の食文化を築いてきた。そのことを忘れてはならないだろう。

長寿日本一から滑り落ちた沖縄

都道府県別平均寿命トップ3

順位	男性		女性	
	県	平均寿命（歳）	県	平均寿命（歳）
1位	長野	80.88	長野	87.18
2位	滋賀	80.58	島根	87.07
3位	福井	80.47	沖縄	87.02
全国		79.59		86.35

（資料：厚生労働省「平成22年都道府県別生命表」）

沖縄の豚料理

元旦の祝い膳に豚肉は欠かせない

豚の血に塩と片栗粉を混ぜ、蒸して保存する。日常料理として、野菜と混ぜて炒めて食べる

馬肉を食べる文化、食べない文化

馬肉を食べる国々

ＦＡＯのデータでは、最も多くの馬肉を消費している国は中国。馬肉を乾燥させソーセージにし、米粉麺と一緒に食べる習慣がある。カザフスタンでもソーセージやマントゥ（東は韓国、西はトルコまで広がる水餃子系の料理）に馬肉が使われる。日本ではもちろん馬刺しや桜鍋がある。また、牛肉100％のコンビーフの代用として、1950（昭和25）年には馬肉を主原料にした「ニューコンビーフ」缶が登場し、2006（平成18）年からは「ニューコンミート」缶（牛肉20％以上）として市販されている。

実はヨーロッパでも、オランダやフランスは馬肉を食べる習慣がある。古代ヨーロッパをみても、ケルト人は馬を聖なる獣として、祭りの生け贄にしたあとに食べていたらしい。

ヨーロッパで大騒ぎ 牛肉と偽り、馬肉が売られていた

2013（平成25）年、アイルランド、イギリス、フランス、スペイン、オランダなどで牛肉と偽って馬肉が売られていたことが判明し、ヨーロッパで大きな騒ぎとなった。偽装牛肉の輸出元としてルーマニアやポーランドが名指しされ、両国首相が、いわれなき嫌疑と強く否定する国家間の問題にまで発展した。

発端となったのは、アイルランドで冷凍ビーフバーガーから馬のＤＮＡが検出されたこと。馬肉食の習慣がないイギリスに出まわっていたことから大きな社会問題となった。その後、フランス産のビーフ・ラザニアも、最高で100％馬肉製だったことが判明。学校給食のパイにまで馬肉混入が明らかになり、イギリスの食卓は大混乱に陥った。

これだけ大きな問題となったのは、偽装に加え、「馬肉を食べる・食べない」という食文化のちがいが大きい。

キリスト教が馬肉食をタブーにした

馬肉が牛肉に偽装された問題が最初に発覚したイギリス。馬には特別の感情を抱いている。馬は騎士道に欠かせず、現代でも人類の友で、気高いアスリートだ。馬肉を食べるなんてとんでもないことだ。アメリカ人にとっても同じような感覚だろう。

別の一説では……キリスト教の宣教師たちは、馬肉を食べることが異教徒である最大のシンボルであり、魔女の宴会では大鍋で馬肉を煮て食べると噂した。人々を異教からキリスト教に改宗させるには、馬肉食をやめさせることが重要だと考えていたのだ。こうして馬肉食のタブーができあがり、馬はヨーロッパでは食用にされない例外的な家畜となった。

馬肉を食べる？　食べない？

日本の馬耕。馬は農具であり友であった。そして食材にもなった

馬刺し、桜鍋は日本の食文化だ

日本と韓国の焼肉のちがいを楽しむ

●韓国から伝わった焼肉文化だが

肉を食べるなら、日本人なら、ぶ厚いステーキより焼肉だ。牛ロース、骨付きカルビ、タンだけでなく、ミノ（牛の第１胃）やテッチャン（牛の大腸）などのホルモン焼きも人気。

この焼肉文化は、韓国から伝来した。カルビは、朝鮮語で肋骨のそばのあばら肉をさす言葉だし、テッチャンも牛の大腸をさす朝鮮語そのままだ。

とはいえ、日本の焼肉は独自の発展をとげて韓国のそれとは似て非なるものとなっている。日本では牛が主体だが、韓国では豚が一般的。内臓肉は焼肉とは別の専門店があり、コンプチャンチョンゴルという鍋物として食べられる。日本の焼肉店は、注文メニューに応じて肉はきちんと切って出すが、韓国では、焼きながら店員が肉を切り分ける。食べるときに肉に巻き付けるチマ・サンチュやキムチなどの付きもの数点は、注文しなくても出される。食文化のちがいといってしまえばそのとおりだが、比べてみると色々なことがちがっていて面白い。

焼肉を注文すれば出てくる付きもの

●日本でも人気の韓国風焼肉

その韓国風焼肉が、ふんだんに食べられると人気なのが東京の新大久保駅周辺だ。ここは韓国料理街として知られ、焼肉店が立ち並び、若い人たちが押し寄せるほどの賑わいを見せている。人気メニューは、豚三枚肉の焼肉（サムギョサプル）だ。一度ご賞味あれ。

メインは豚の三枚肉

焼いてから切り分けるのが韓国風

最後に冷麺も欠かせない

第5章

食肉生産の現場から

肉が食卓に並ぶまでには、生産、と畜、卸・小売りといった手順が必要となる。生産を担う農家は、家畜の生理・生態の特徴をうまく利用し、安全で効率的に育てられるように、様々な工夫を重ねている。

肉が食卓にならぶまで

生産、と畜、卸から小売へ

野菜や魚は、そのままの姿で販売されることが多い。家畜のなかでも鶏は姿がわかる形で販売されることもあるが、豚肉や牛肉はカットされて販売される。家畜の生産現場は、都市部の消費者にとって、ふだんの生活場所からは遠い。そのため、スーパーなどの小売店に並んだ肉のパッケージから、家畜の姿をイメージできる人は少ない。食肉はどんなルートをたどって、食卓まで運ばれるのだろうか。

食肉が食卓に並ぶまでには、様々な工程を経る。大きく分けて、家畜の生産、と畜、卸から小売りの3つとなるが、このうち1つが欠けても食肉は食卓に届かない。

日本で家畜の飼養がはじまった当初は、農家が副業的に少頭数の家畜を飼うケースが多かった。戦後になって食肉の需要が増大して以降は、徐々に農場の専門化・大型化がすすんだ。現在では、畜種ごとに専門の農場で飼養されるのが一般的だ。

と畜場での取引は枝肉が基本

と畜場法という法律により、家畜はと畜場(食肉市場、食肉センターなど)でと畜しなければならないと定められている。そのため生産者は、と畜場に家畜を出荷する。家畜は、と畜場に隣接する衛生検査所で、病気の有無などについて職員(獣医師)の目視による検査を受ける。この検査でなんらかの異常が発見されれば、と畜禁止となる場合もある。

と畜後、牛や豚は枝肉の状態でせり(多数の購売者が価格をせり合い、いちばん高い価格をつけた者が買い受ける)にかけられる。1960年代ごろまでは、家畜商や精肉店などが生体で牛や豚を購入し、それをと畜場へ運んでと畜する生体取引が一般的だった。現在では、生産者が直接と畜場に家畜を運び、と畜後に枝肉となった状態で取引する枝肉取引が主流である。

牛や豚の副生物(内臓など)は、肉のと畜後にバットに入れられ、内臓用のラインに回される。副生物の売買には専門の卸売業者がおり、その業者が流通まで担当する。枝肉などとは異なり、せりではなく1キロ当りの定額で取引されている。

小売店で精肉へ

せりで卸売業者に購入された枝肉は、そのまま小売店に販売されるか、あるいは加工場で部位ごとにカットされ、部分肉として小売店に販売される。大きなブロックである肉は、小売店でスライス肉などの精肉となる。このようになってはじめて、私たちがよく知っている食肉の姿になるのである。

牛肉・豚肉の流通

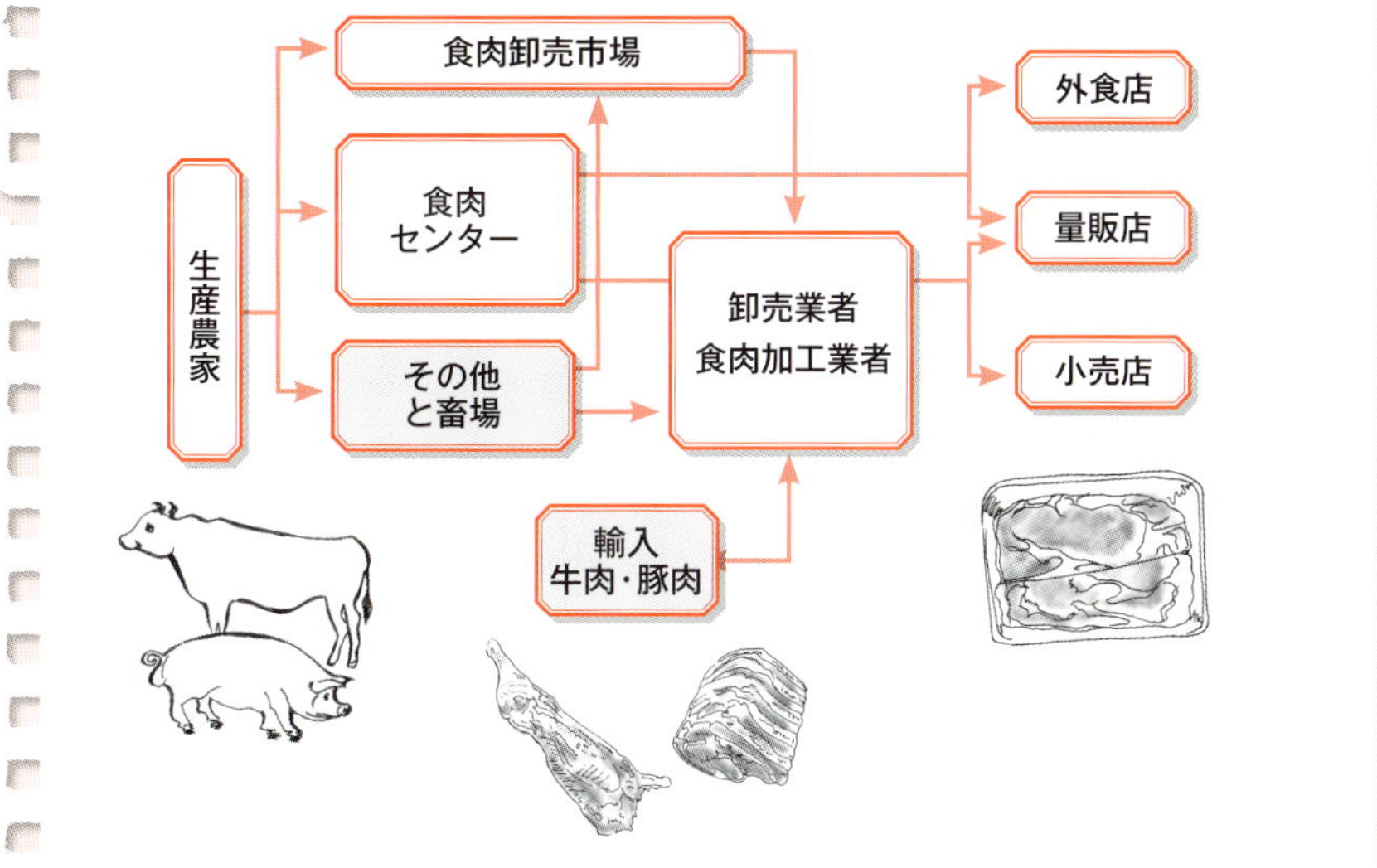

鶏肉の流通

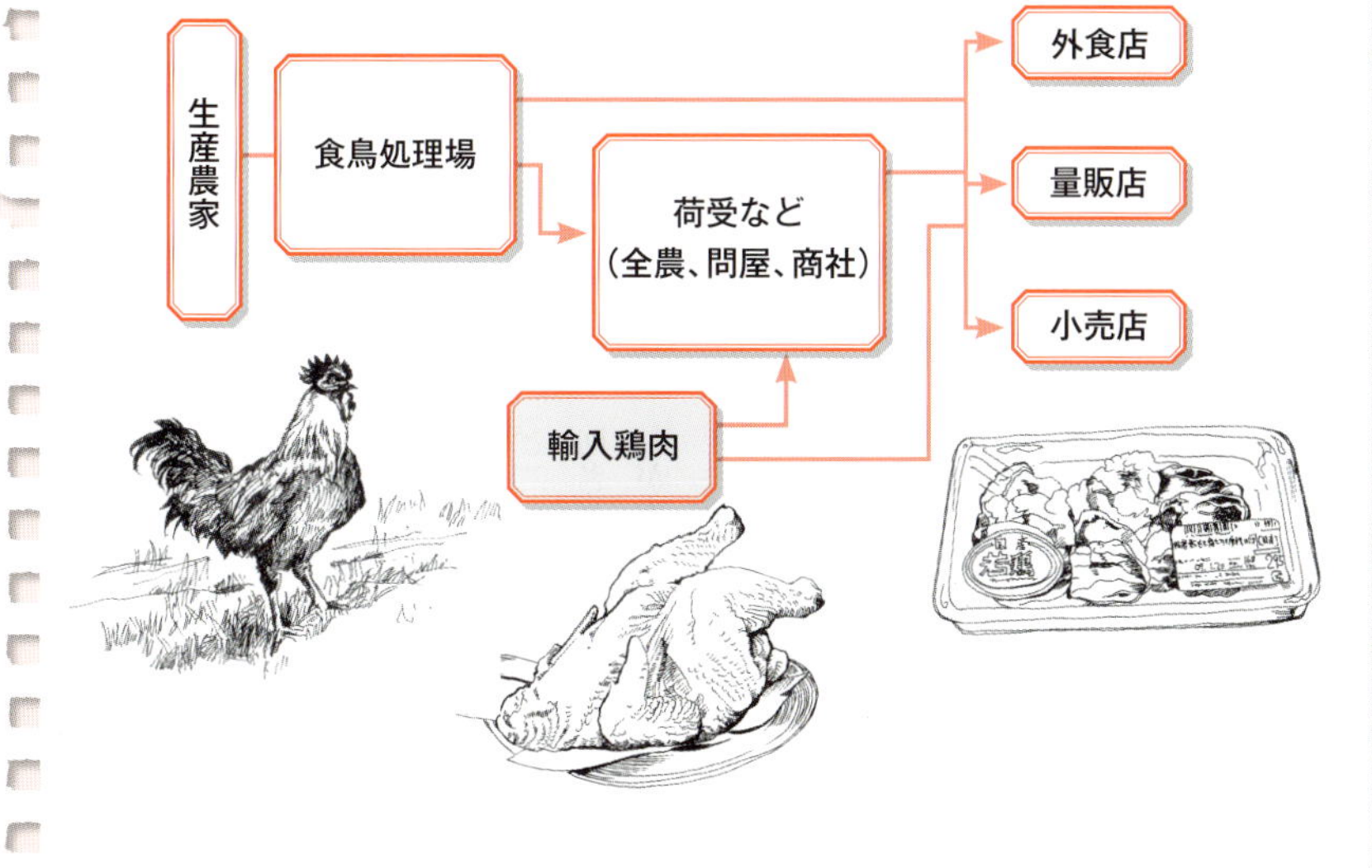

牛の飼養（1）繁殖

母牛を交配させ、子牛を産ませる

牛の場合、肉専用種だけでなく、乳用種（ホルスタインなど）の去勢した雄なども肉として出荷される。ここでは、和牛の飼養管理について説明していく。

和牛農家は、大きく繁殖農家と肥育農家とに分かれる。繁殖農家は、母牛を交配させて子牛を産ませ、その子牛を肥育農家などに販売している。母牛は、通常1頭の子牛を出産する。まれに双子を産むこともある。

子牛が産まれると出生届を出し、個体識別番号の書かれた耳標を耳に付ける。この個体識別番号は個体識別のデータバンク（（独）家畜改良センター）に登録され、出荷するまでの飼養管理方法や移動などが記録される。

一般的に子牛は、4カ月程度で離乳して母牛から離し、その後は子牛だけで育てる。さらに8～9カ月まで育てたあと、肥育素牛《もとうし》として子牛市場などに出荷される。

肉質を左右する種雄牛

黒毛和種の場合、肉質に大きく関与するのは種雄牛《しゅゆうぎゅう》（母牛と交配させる雄牛）だ。そのため、血統のよい種雄牛やその精液には高値が付けられる。とくに黒毛和牛の主産地では、公立の畜産試験場などで品種改良がすすめられてきており、よい血統の牛を保有しているところが多い。

黒毛和種の雄は血統が明確であり、家系図のように何代も前からの系統がわかるようになっている。種雄牛は1頭1頭に名前が付けられ、「安福号」などと呼ばれる。鹿児島県では、優秀な成績を残した種雄牛を石像にした例もあるという。

交配は人工授精が主で、雄牛の精液は冷凍保存も可能なことから、凍結精液として流通している。専門の人工授精師がおり、より確かな交配の手助けをしている。

乳用種に黒毛和種の子牛を産ませる

牛の繁殖には、体内受精卵移植という技術も確立されている。これによって、育種の観点からよりよい遺伝子をもった雄牛や雌牛の子を、ほかの牛に産ませることができたり、乳用種（ホルスタイン）の母牛に黒毛和種の子牛を産ませることも可能となった。

黒毛和種の母牛は、年に1回、一生のうちに平均して7回程度、妊娠・出産を繰り返す。妊娠期間は平均285日だが、性別によって期間が異なり、雌の場合はやや短く、雄はやや長い。雌雄による妊娠期間のちがいを理解し、出産時に事故がないような管理を行うことが重要である。また、出産後に再び交配させるためには、適切な栄養管理が必要だ。最近では、雌雄を生み分けできる精液も開発されている。

肉用牛の繁殖サイクル

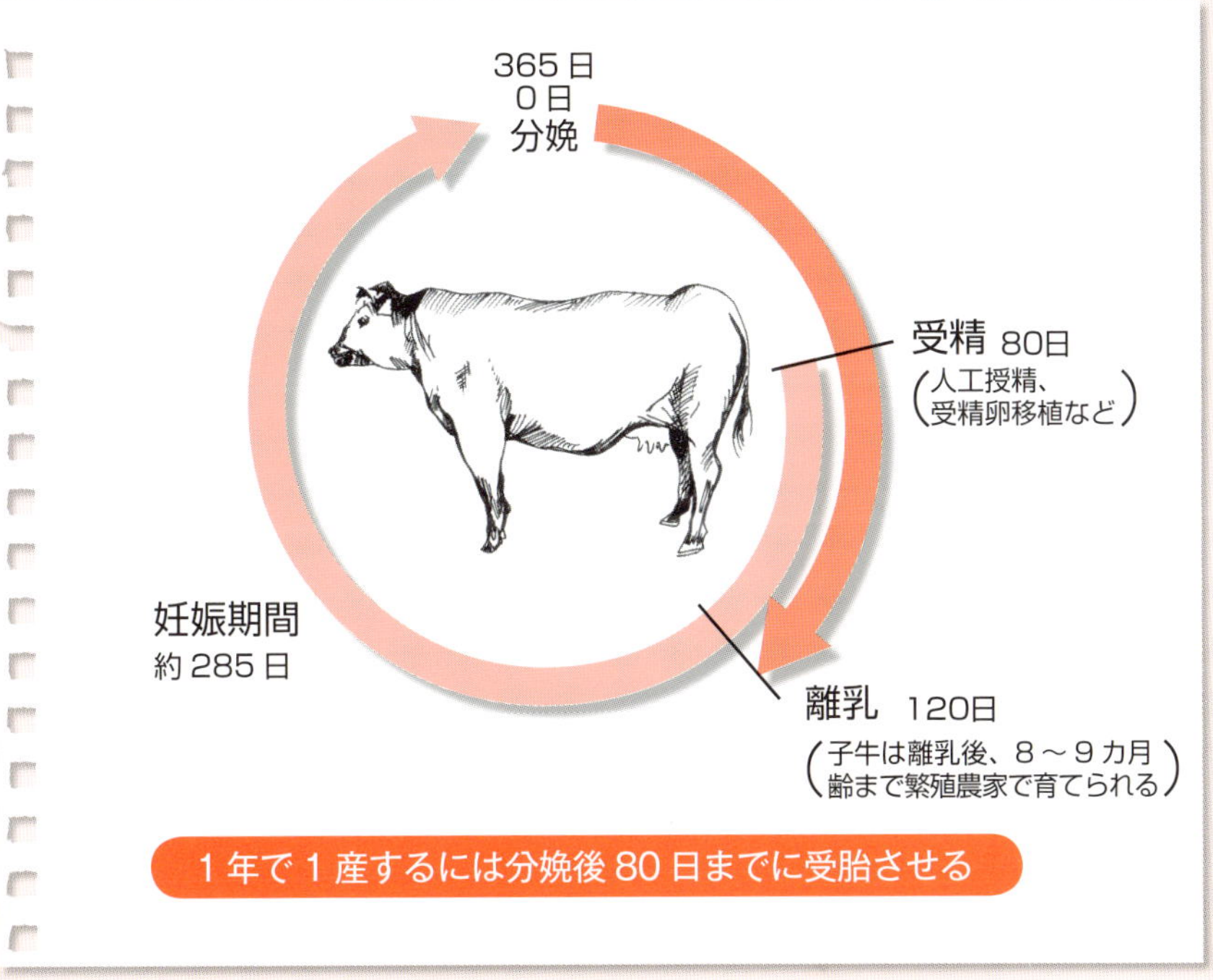

肉用牛の母子がいっしょにいられるのは、一般的には離乳までの約4カ月

牛の飼養（2）肥育

よく観察し、大きく育つ牛を選ぶ

繁殖農場で8～9カ月程度飼養された子牛は、その後、子牛市場に出荷される。子牛市場では、耳標に書かれた個体識別番号のバーコードを読みとって確認する。

買い手はまず子牛をよく観察し、買うべき子牛を選ぶ。エサをきちんと食べ、すくすく育つような牛を選ぶことが重要だ。たとえば、骨格の大きい牛は体が大きくなることを示すし、肋張り（牛の第1胃のあたりの腹回り）の大きいものは肉づきがよくなることを示す。そのほか、足が丈夫なものや元気のよいものを選ぶことも、その後の順調な発育の目安となり、重要なポイントだ。

せりは電光掲示板などを使って行われる。1頭ずつせり場に引き出され、買い手が値段をつけていく。資質の良い牛は人気も高いが、そのなかで最も高い値をつけた買い手に販売される。素牛1頭の価格は、黒毛和種の去勢で約40～50万円程度である。

成長に応じてエサをかえる

子牛を購入した肥育農家は、まず牛を買い入れたことを個体識別番号とともに（独）家畜改良センターに報告する。

新しく子牛を入れるための牛房は、あらかじめよく洗って消毒をした後、おが屑などの敷き料を敷いておく。環境が変わると体調を崩したり病気になりやすいため、清潔な環境を整えておく。牛房は、1頭当り6平方メートルの広さが必要で、小さい群れで肥育する。1頭の牛が病気にかかると、群れや牛舎全体に広がるおそれがあるので、健康状態を観察することも重要な仕事だ。

牛の肥育期間は、18～20カ月程度。発育をよくするために、飼養期間を前期、中期、後期に分け、飼料の切り替えなどを行う。

前期は牛の体の基礎をつくる期間で、内臓や骨格の成長を助けるためのエサを与える。中期は脂肪がのる期間なので、大麦などを入れる。仕上げ期は、筋肉内の脂肪をサシにする期間で、稲ワラと大麦を多めに与える。この時期は、食欲の有無や健康に十分注意することが必要だ。

このようにして、発育をよくすると同時に、肉としての価値も上がるように育てていく。

600～650キロで出荷

体重が600～650キロになったら、牛を食肉市場に出荷する。食肉市場では、まず耳標のバーコードを読みとり、農家から出された書類と合致するかを確認する。その後、牛を場内の係留場に入れて生体検査をし、と畜にまわす。

牛の導入から出荷まで

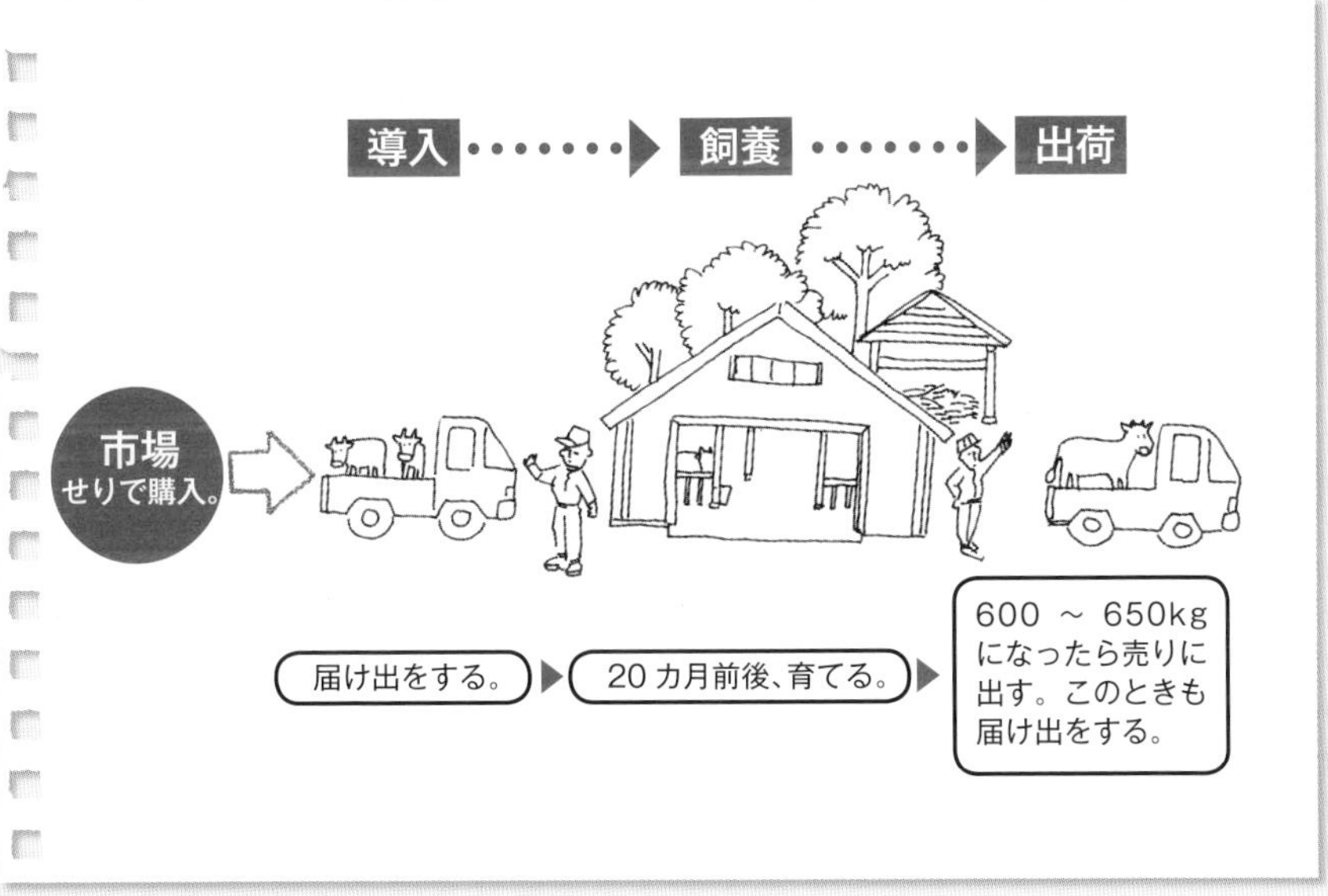

導入
飼養
出荷
市場
せりで購入。
届け出をする。
20カ月前後、育てる。
600 ～ 650kgになったら売りに出す。このときも届け出をする。

肥育牛

生後 19 ヵ月、体重 430kg の牛

豚の飼養（1）改良と経営形態

イノシシを家畜化し、改良を重ねる

豚はイノシシを祖先にもつ動物で、学術的にもイノシシ科イノシシ属とされている。もともとは野生のイノシシを家畜化し、肉がたくさんとれるように改良してきたのが豚である。イノシシに比べて体が大きく、体型も腹が長く、モモのあたりの肉が充実しているのが特徴だ。

豚の体重は、親豚の雌で250キロ前後、雄では約300キロにもおよぶ。品種によっては400キロ近くになるものもある。一般的なイメージよりも、豚は大きな生きものなのだ。雄の親豚として飼養されているデュロック種は、その体の大きさに加え、体毛が褐色ということもあり、一見、豚とは思えない外見をしている。

肉用豚は、そこまで大きくは育てない。肉としての価値（肉質）と経営的な観点から、大体6カ月齢、体重110キロ程度まで育てたところで、食肉市場に出荷する。

豚は非常に成長のはやい生きもので、体重約1キロほどで生まれた健康な豚は、3週間で約6キロ、3カ月で70キロ程度にまで成長する。

種豚場、コマーシャル農場、肥育農場

日本で育てられている豚のほとんどは三元交配（36頁）を行っており、親となる豚と肉用豚とでは、交配させる品種が異なる。そのため親となる豚（種豚）は、種豚をつくる専門の農場から購入している農場も多い。

農場の経営形態としては、種豚を販売する種豚場、種豚を交配させて肉用豚をつくる養豚場（コマーシャル農場）、肥育のみを行う肥育農場の3つに分けられる。最も数が多いのは、肉用豚をつくるコマーシャル農場である。

種豚場では、体格がよく丈夫で、雌豚であれば子豚を多く産むことができる豚、雄豚であれば肉質のいいものを選抜していく。雌豚はランドレース種の雌と大ヨークシャー種の雄をかけあわせたF_1雑種をつくるケースが多く、雄豚の場合はほとんどがデュロック種の純粋種だ。

種豚となる豚の選抜は1度でなく、生まれたとき、離乳するときなど、数回に分けて行われる。選抜で残った豚を大体6カ月程度まで飼養し、種豚としてコマーシャル農場に販売する。選抜からもれた豚は6カ月程度まで飼養した後、肉用豚として出荷する。

コマーシャル農場では種豚場から購入してきた種豚を交配し、肉用子豚を生ませて育てる。種豚は種豚、子豚は子豚として管理するため、肉用の子豚を種豚にすることは、現在ではほとんどない。

肥育専門の農場は、決まった農場から、あるいは各地の子豚市場で子豚を購入し、これを6カ月まで肥育して出荷する。

三元交配の仕組み

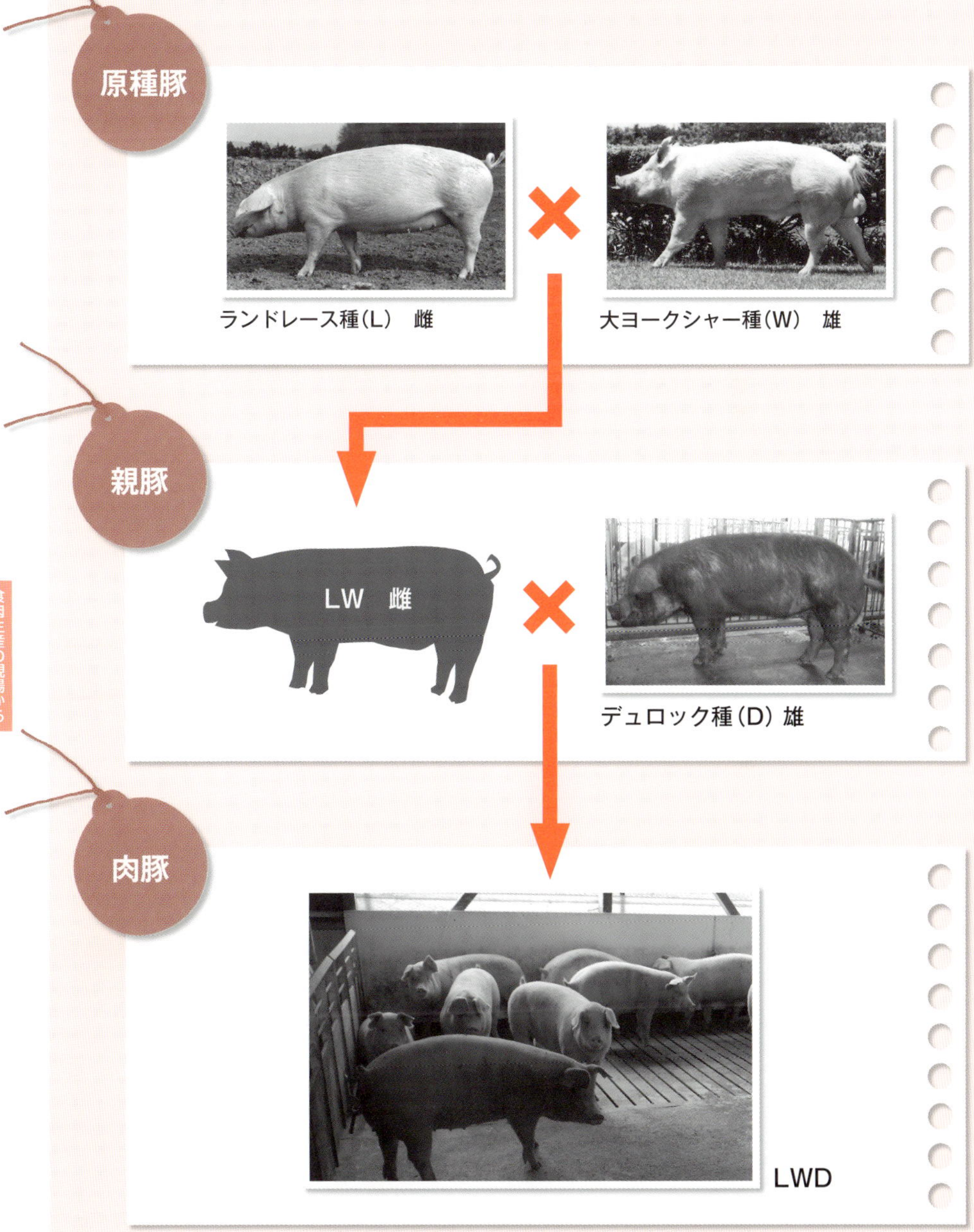

(写真提供：(独) 家畜改良センター〔ランドレース種、大ヨークシャー種、デュロック種〕)

豚の飼養（2）管理方法

母豚は生涯、100頭近くの子豚を産む

種豚とは、子豚を産む役割をもつ親豚のことで、雄豚、母豚のどちらもさす。日本では、種豚を専門の農場から購入して繁殖をさせ、子豚を育てるという一貫経営が多い。

豚は、妊娠から出産までが約4カ月（114日）、1回のお産で10頭前後の子豚を産む。出産日が近くなったら分娩専用の豚舎に移動させ、出産に臨む。出産後は約3週間、授乳期間として子豚に乳を与え、離乳後4～7日で次のお産のための交配を行う。

母豚は平均して年に2回程度、一生を通して8～10回程度お産をする。人工授精の技術が発達するなど、交配はより効率的で経営的にメリットのある方法が用いられるようになってきている。

種豚を生産する専門の農場（種豚場）では、よりよい種豚をつくるために血統のデータをとったり、さらに子豚の段階から厳しい基準を設けて選抜をする。養豚経営の基盤ともいえる種豚は、選ばれたエリート豚なのである。

病気に弱い子豚を大事に育てる

肥育豚とは、肉用豚のことで、生まれて6カ月ほどで食肉市場に出荷される。

雄豚の場合、生まれて3日以内に去勢を行う。雄豚の体は成長するにつれて獣臭が強くなってしまうため、肉にそのにおいが出ないようにするためである。

離乳した子豚は母豚から別れ、子豚だけでの生活をはじめる。生後3週間目は、母豚からもらった免疫がちょうど切れる時期とも重なるため、前もって病気を予防するためのワクチン接種などを行う。

離乳後すぐに入る豚舎は、病気にかかりやすい子豚のために、空調設備を整えた密閉型のものを使う農場も多い。様々なタイプの豚舎があるが、ここで約30キロほど（生後70日前後）になるまで育てられる。

1区間数百頭の大所帯も

30キロ以降は、また大きい豚専用の豚舎に移動する。形態は農場によって様々で、10～30頭くらいを1区画で飼うケースもあれば、1つの豚舎を柵などで仕切らず、1区画として数十頭から数百頭といった規模で飼う農場もある。どういう設備で飼養するかは農場主の選択であり、各農場ごとに様々な工夫がある。しかし、どの農場も、できるだけ豚に負担をかけず、ストレスのない環境で健康に育てたいという気持ちは変わらない。こうした思いが、おいしい豚肉をつくりだすといえるだろう。

養豚農場のサイクル

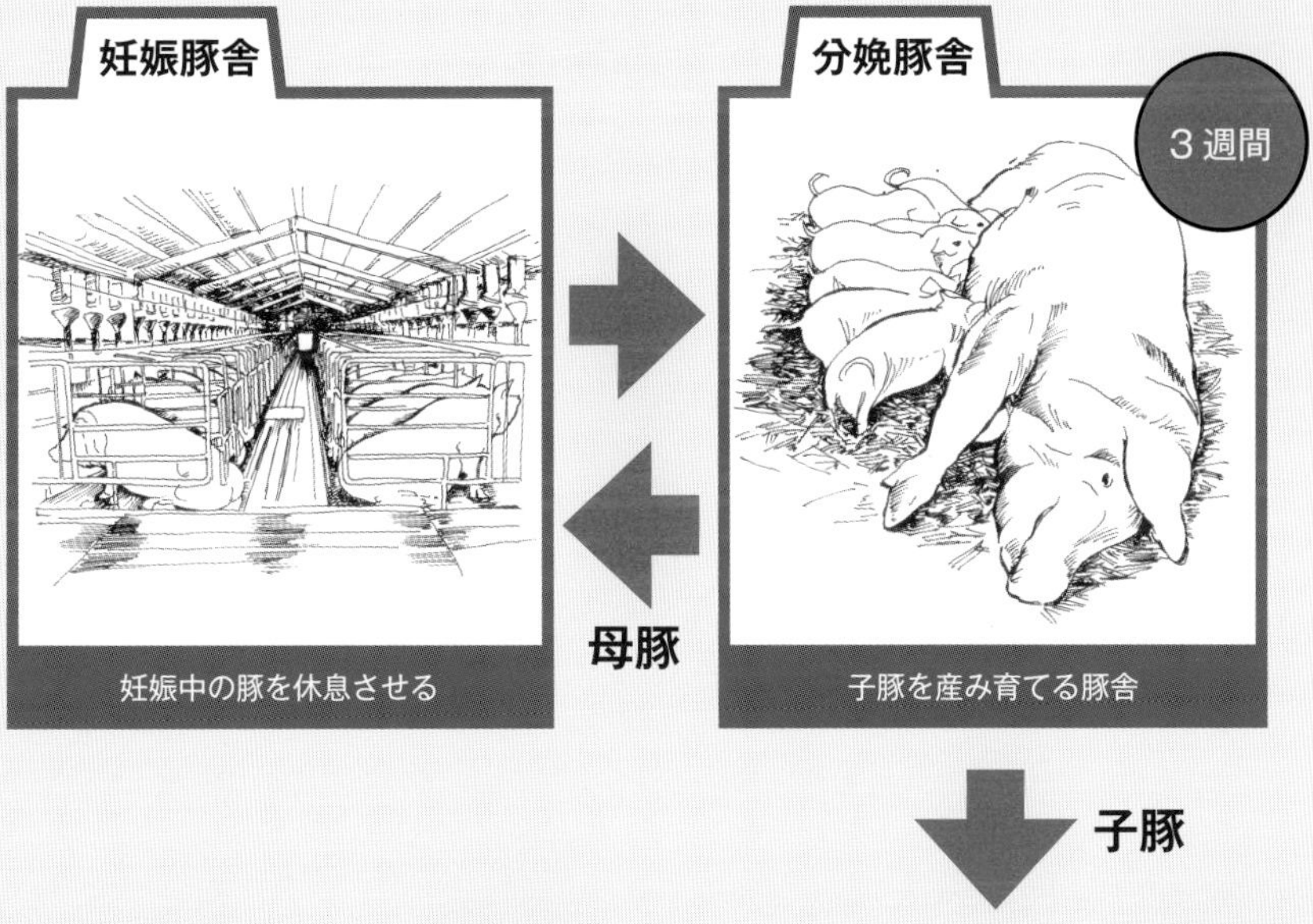
妊娠豚舎
妊娠中の豚を休息させる
分娩豚舎
3週間
子豚を産み育てる豚舎
母豚
子豚
離乳豚舎
2～3カ月程度
母豚から離された子豚たちの豚舎
肥育豚舎
3～6カ月
大きくなった子豚を出荷まで育てる

肉用鶏の飼養

ふ卵器で21日間温める

養鶏の飼養場所は、肉となるヒナを生ませてふ化させるふ卵場と、そのヒナを育てて肉用鶏として出荷する養鶏場とに分かれる。

ふ卵場では、種鶏同士をかけあわせて卵をとる。生まれた卵は、まず洗浄・殺菌室に入れ、汚れを落とす。その後、下から光を当てて卵の中の状態を観察し、ふ化に適さないものを除く。

選抜された卵は、21日間ふ卵器で温めふ卵させる。まず、セッターというふ化室に入れ、18・5日間温める。この間、卵黄表面にある胚が卵殻膜に付いてしまうとヒナは死ぬので、卵を転がす（転卵《てんらん》という。自然界では、親鳥がくちばしで卵を転がす）。いったん外に出し、卵の状態でワクチンを付与。その後、ハッチャーと呼ばれるふ化室に2・5日間入れて温めると卵がふ化する。ヒナの誕生だ。

生まれたヒナは雌雄を鑑別され、生まれたその日に養鶏場へと出荷される。21日でかえるという鶏の卵の特性に合わせ、管理が行われている。

衛生管理、温度管理に万全を期す

ヒナを受け入れる養鶏場では、ヒナを入れる鶏舎のなかを約半月ほど空にし、消毒と乾燥を繰り返して衛生的な環境を整えておく。生まれたばかりのヒナは病原菌に対する抵抗力が弱く、病気にかかるリスクも高い。外部から細菌やウイルスをもち込んだり、鶏舎に病原体を残さないために、徹底した衛生管理を行う。

ヒナは外気にふれる時間を最小限にして、あらかじめ温度調節をしておいた鶏舎内に搬入される。鶏舎では、温度調節が重要だ。最適な温度になっていないと、ヒナの発育に影響が出たり、病気になってしまうこともある。

効率的にヒナを温めるために、ガスブルーダー（ヒーター）をつけて、その下をチックガードといわれるガードで囲う方法をとることもある。また、鶏舎のなかは敷き料を敷き、ヒナが地面からの冷気で冷えないようにしている。

ヒナの育成

鶏舎に入れられたヒナは、40～50日程度飼養される（地鶏の場合は、日数はさらに長くなる）。ヒナはふ化後24時間で羽毛が若羽に生え変わりはじめる。さらに35日ごろからは、若羽から白い成羽に変わっていく。飼料は、体の大きさなどに合わせ、7日齢、28日齢くらいに変更する。

体重が約2・5キロになると、肉用鶏は出荷される。近年は改良がすすみ、出荷日齢も徐々に早まってきている。

鶏の育成の流れ

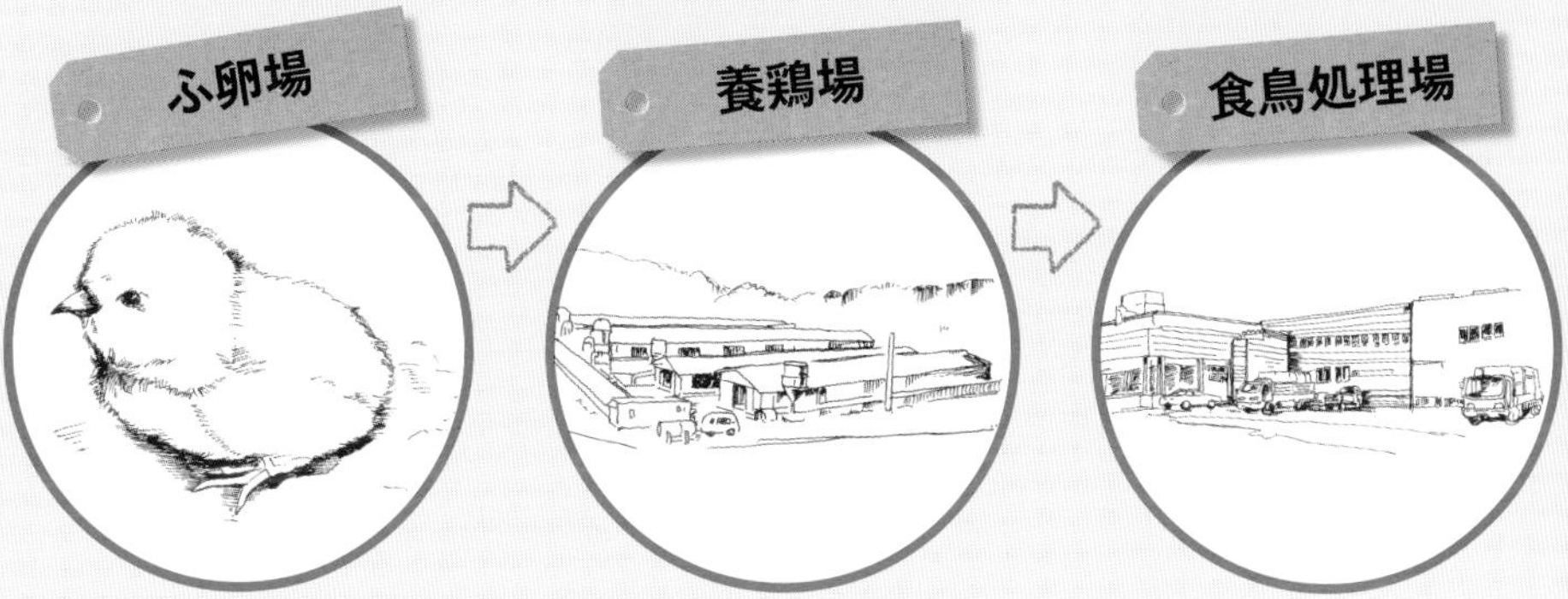

21日でヒナがふ化する

40～50日程度、鶏舎で飼養

体重が約2.5kgになったら処理場へ出荷

ふ卵場では、ふ卵器で母鶏が卵を抱いて温めている状態（湿度、温度、転卵）を正確に再現する

ふ化したヒナはその日に雄と雌に分けられ、養鶏場へと出荷される

（写真提供：JA全農広島）

家畜の生理のちがい

牛にとって大切な第1胃内の微生物

牛の生理面での大きな特徴は、ヒトと違って草などの繊維質を利用できる点にある。通常、牛には穀物を主体とする濃厚飼料を与えているが、草などの粗飼料だけでも育つ。それは、4つある胃のうちとくに第1胃（ルーメン）の働きによる。第1胃内では、微生物の発酵によってVFA（揮発性脂肪酸）という物質が産生される。VFAはルーメン壁から吸収され、牛のエネルギー源となる。

一方で、第1胃内の微生物は、草などに含まれているわずかなタンパク質をアミノ酸やアンモニアに分解し、これらの物質から自分の身体に必要なタンパク質を再合成する。この微生物体のタンパク質（菌体タンパク質）は、牛にとって最も利用しやすい良質なタンパク質である。牛は、この微生物を少しずつ第4胃や腸管に送って消化し、タンパク質として利用している。つまり、牛は採食したエサを直接栄養源とするのではなく、エサを材料に増殖した微生物を栄養源としているのだ。

第1胃内の発酵が進んだ草を口に戻し、かみくだいてまたのみ込む反すうの行動は、第1胃内の微生物の働きを促進させる役割をもっている。

なお、ビタミンについても、脂溶性のA、D、Eを除き、B群やCなどほとんどのビタミンも第1胃内の微生物がつくってくれるので、給与する必要がない。

豚は多産だが、子豚はひ弱

豚は雑食動物で、人に最も近い構造をしている。鼻で土を掘って虫や根を食べるため、鼻先から背筋の力が強い。また、エサを食べるときには水を必要とするが、スコップのような口は、水をすくいやすいためと考えられている。

豚が牛と大きく異なるのは、子どもの数が多い多胎動物だということ。豚は、1回のお産で10頭前後を産む。しかし、子豚は体重が1キロ前後と非常に小さく、「未熟児」の状態で生まれてくる。ひ弱すぎて母乳が飲めない、母豚に潰されるなど、生後1日目の死亡事故率が非常に高く、この24時間の管理が重要視されている。そのため、分娩専用の豚舎に子豚用の保温箱をつけたり、ヒーターを吊るして子豚を温めたりしている。

砂嚢は鶏の歯

鶏は、キジの仲間だった野鶏を家畜化したもの。用途によって、品種や飼養管理が異なる。鳥類は、くちばしはあるが、歯を持たない。体内に砂や小石をためる砂嚢によって、エサを砕いて消化する。この砂嚢が砂肝（筋胃）だ。

牛の胃の構造と働き

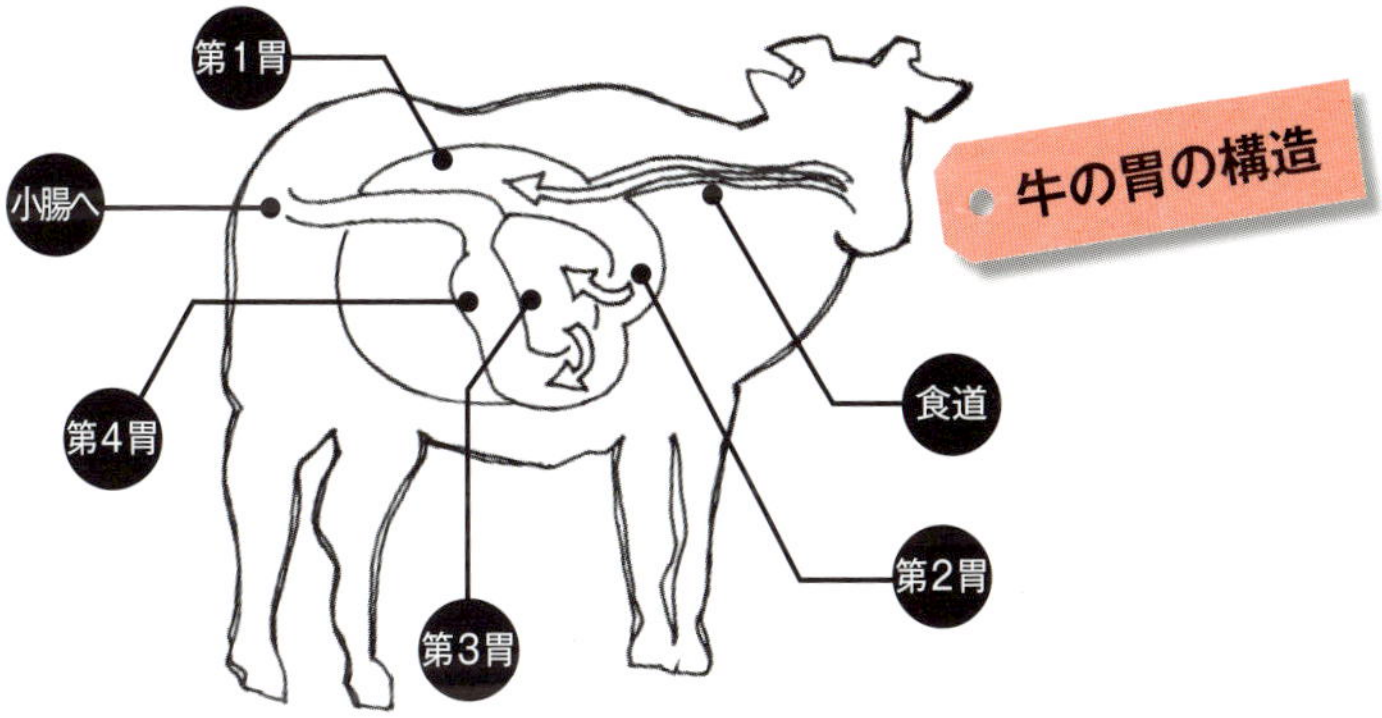

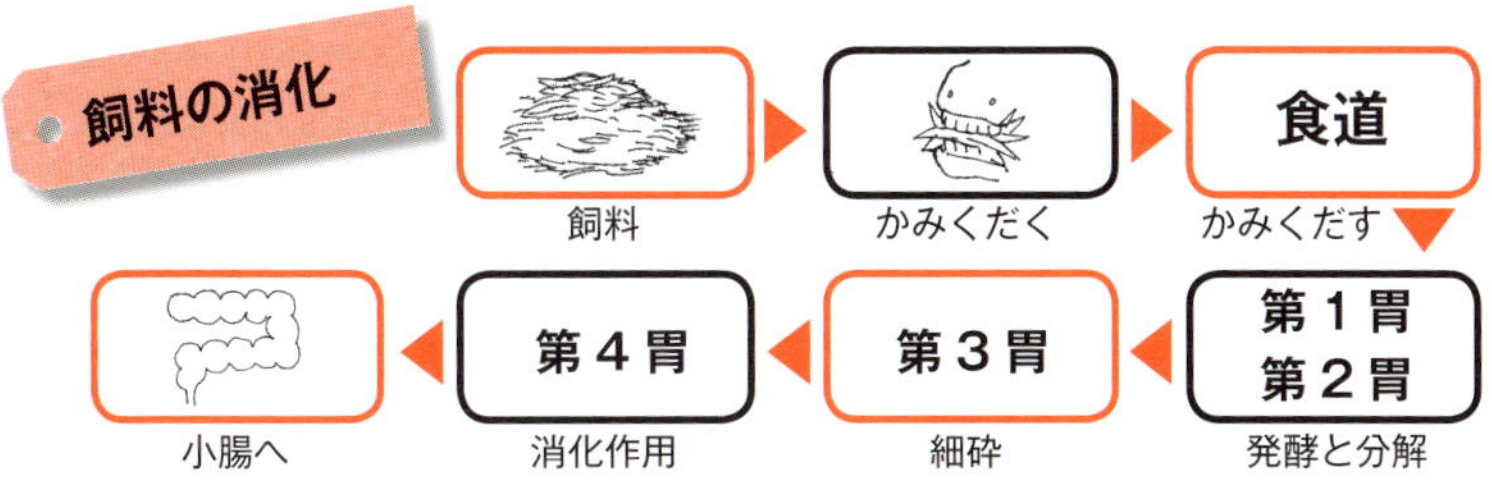

鶏の消化器の構造

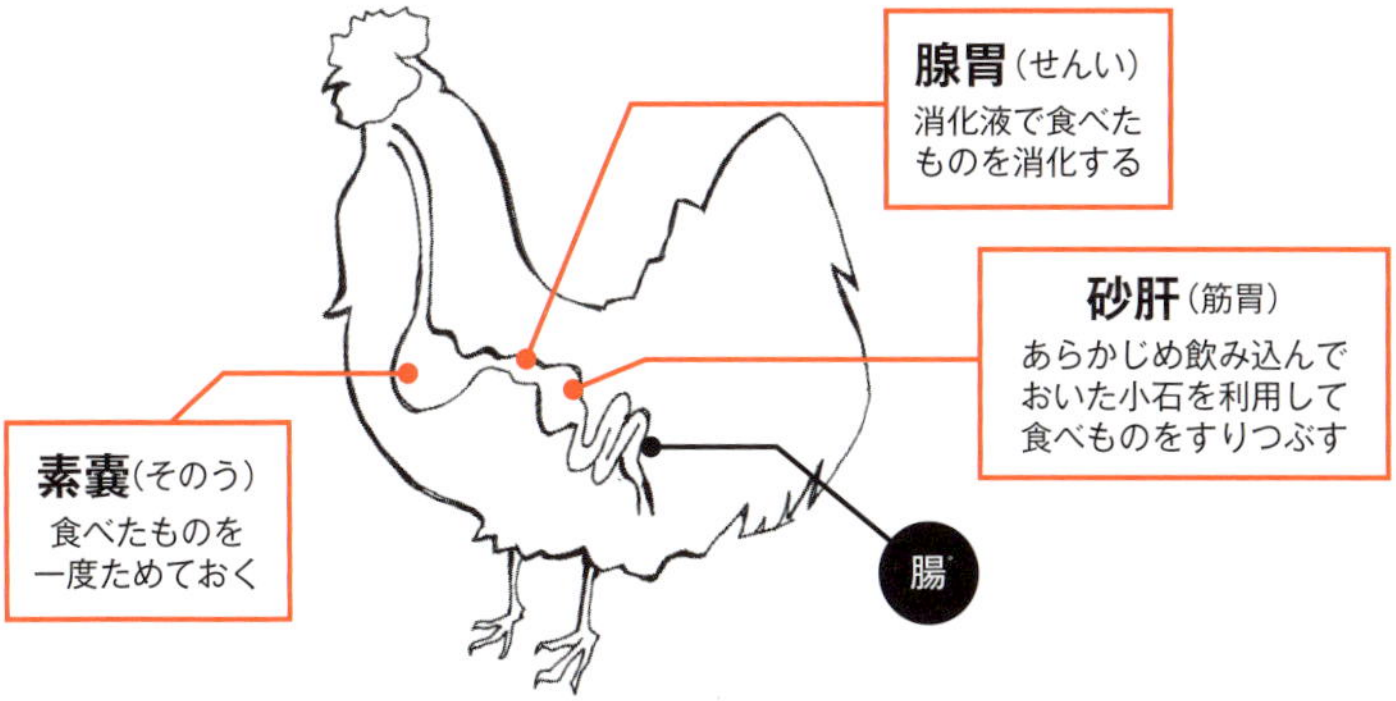

ちょっと変わった豚の品種

●梅山豚（めいしゃんとん）

中国が原産の梅山豚は多産系の豚で、一度に産む子豚の数は17頭にもなる。梅山豚は1972（昭和47）年の日中国交正常化の際に中国から10頭寄贈され、その後、茨城県の塚原牧場が雄2頭と雌10頭を輸入しているが、1990（平成2）年に輸出禁止となった。現在、100頭前後の種豚を家畜改良センターと塚原牧場が所有している。塚原牧場では梅山豚の雌とデュロック種をかけあわせ、おいしい豚づくりに取り組んでいる。

●金華豚（きんかとん）

金華豚も中国が原産の豚だ。頭と尾だけが黒い小型タイプの豚で、中国では両頭烏などとも呼ばれる。子豚の数は少ないが、肉質がよいのが特徴。中国では高級ハムである金華ハムの原料にも使われる。

日本では、静岡県畜産技術研究所（中小家畜研究センター）と山形県の平田牧場などが所有。静岡県畜産技術研究所ではデュロック種とかけあわせたフジキンカを県内農家に販売。農家はブランド豚として売り出している。また平田牧場では、金華豚の純粋種である平牧純粋金華豚、デュロック種などとかけあわせた平牧金華豚をつくり、プレミアムのあるブランド豚として販売している。

●アグー

アグーは沖縄県の在来種で、小型の黒い豚である。生産性の高い大型種に押され、一時は30頭ほどまで減少して絶滅の危機にさらされたが、古来伝わる豚の血統を保存しようという動きによって、現在は600頭ほどにまで回復している。

頭数が少ないことや、アグーの純粋種は体が小さく肉のとれる量や子豚の数が少ないことから、バークシャー種やデュロック種などとかけあわせて肉にするケースが多い。我那覇畜産がつくるやんばる島豚は、アグーとバークシャー種をかけあわせたブランド豚だ。

アグー

第6章

食肉ができるまで

家畜は、農家から出荷され、と畜の段階を経て食肉となる。と畜場では大切な命を、何よりも安全に、そしてむだのないように加工していく。私たちが肉をおいしく食べられるのは、そんな関係者たちの日々の努力のおかげである。

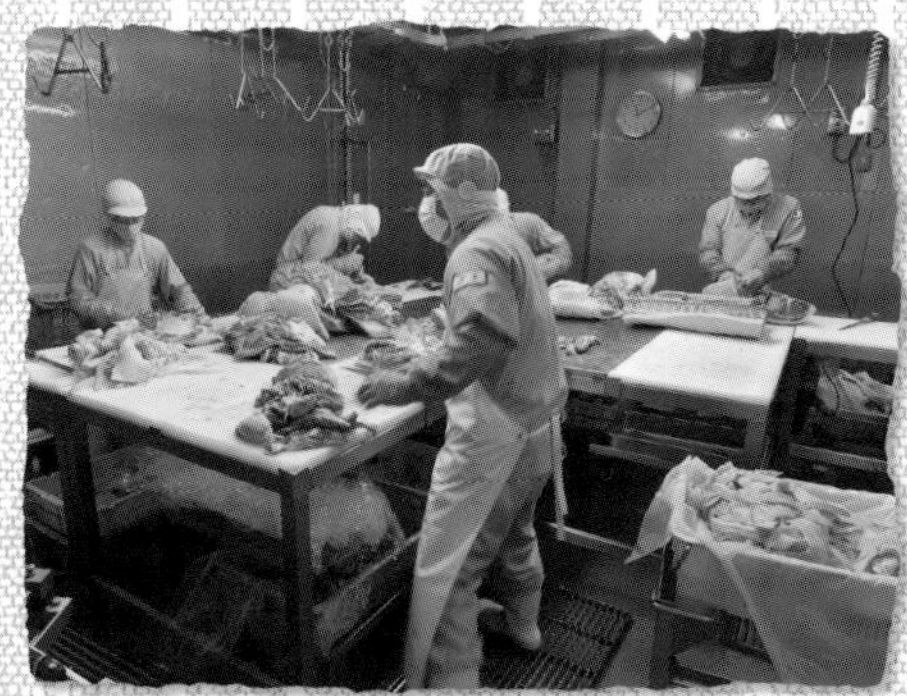

命をいただく(1)牛

法律を満たした施設で、と畜される

牛、豚、鶏といった家畜や家禽は、と畜(と鳥)、解体、加工という過程を経て食肉となる。牛や豚のと畜を行う施設(食肉センター)は、と畜場法(1953年8月1日制定)に定められた条件を満たした施設で、牛のと畜ができるのは151カ所である(2012年4月現在、厚生労働省調べ)。

と畜場のなかには食肉卸売市場を併設しているものもある。代表的なものは芝浦と場(東京都港区)に併設された東京都中央卸売市場食肉市場で、牛肉の価格形成を担っている。

大切に育てた牛を、むだなく食肉にする

牧場から出荷される牛にとって、食肉センターまでの長距離の輸送はストレスになり、肉質にも大きな影響を与えるため、急ブレーキや急発進、急ハンドルなどは厳禁で、家畜輸送専用の業者を使う生産者が多い。食肉センターに到着した牛は、まず係留場で1日休息させる。

翌日、食肉衛生検査所の検査員(獣医師の免許をもつ地方公務員)が牛の健康状態をチェックし、異常がなければ解体ラインに運ばれる。1頭ずつノッキングペンと呼ばれる金属製の箱に追い込み、額に銃(ボルトピストル)をあてて火薬または空気圧で小鉄棒を発射し、スタニング(失神)させる。

その後、すぐにスティッキング(喉刺し)して放血死させる。

放血したあとは頭部を切断し、BSEの特定危険部位と食用として使う舌(タン)を切り離し、BSE検査のために延髄を取り除く。その後、四肢を切断し、足回りの皮をむく。このとき、BSE対策のため、特定危険部位を除く。

次に、脇腹、臀部の皮をむき、肛門から内容物が出ないようにビニール袋をかぶせて結ぶ。続いて、皮はぎ機を使ってすべての皮をはぐ。皮はぎ後に胸の骨を切断し、胃や腸などの内臓(白モノ)と心臓や肝臓などの内臓(赤モノ)を仕分けして取り出す。BSE対策のため回腸遠位部を廃棄する。同時に検査員が内臓検査を行う。

その後、1体を2つに分割(背割り)し、肉に残った汚れを蒸気をあてながら吸引(スチームバキューム)し、硬膜(脊髄をおおう膜)を除去する。この状態がいわゆる枝肉である。背割りは背骨の中心がずれないようにしなければならないため、熟練した技術が求められる。

最後に枝肉を水洗いして検査を行い、異常がなければ枝肉に検印が押される。この検印は、と畜場法や食品衛生法で定められているもので、食用に適しているという証明である。

このように食肉センターでは、衛生的な施設で、オートメーションを導入した先端技術と作業員の熟練した技術が融合し、農家が大切に育てた牛の命をむだなく食肉にする作業が日々行われている。

牛が枝肉になるまで

生産農家 → 生体搬入 → 係留 → 打額 → 放血 → 頭落し、舌出し → 四肢の切除、皮むき → 特定危険部位除去 → 脇腹・臀部の皮むき → 肛門結さつ → 全皮むき → 尾切除、胸割り → 白モノ摘出 回腸遠位部廃棄 → 赤モノ摘出 → 背割り → スチーム バキューム → 硬膜除去 → 洗浄 → 最終検査 → 検印押印 → 枝肉

背割り。食肉センターでは牛をおいしく、むだなく食べられるように、毎日このような作業が行われている

命をいただく(2)豚

豚は牛以上にストレスに弱い

豚も牛と同様に、と畜場法で定められた施設でと畜を行う。現在、豚のと畜ができる食肉センターは188カ所である(2012年4月現在、厚生労働省調べ)。

豚は牛以上にストレスを感じやすく、と畜のストレスがPSE肉(フケ肉)の原因にもなるため、輸送やスタニング(失神)にはとくに注意が必要だ。PSE肉とは、肉の断面の色が淡く(Pale)、軟質でしまりがなく(Soft)、保水力や結着力が低い(Exudative)肉のことである。

豚も牛と同様に輸送後、食肉センターの係留場で1日休ませる。翌日、食肉衛生検査所の検査員が豚の健康状態をチェックし、異常がなければ解体ラインに運ばれる。

欧州とは異なるスタニング方式

豚のスタニングは電気式のものとガス(二酸化炭素)による方法があるが、国内では電気式が主流である(欧州はガス式が多い)。

ガスによるスタニングは豚にとって最もストレスが少ない方法で、血斑や残血などが少ないというメリットがある。しかし、レバーが変色したり、維持管理コスト(ガスの購入価格など)が高いというデメリットもある。電気式のスタニングでは、豚を保定して頭部を電撃することで瞬時に無感覚状態にし、それを放血による死亡時まで持続させる。

保定は、数頭を導入することが可能な囲い込み施設に追い込む方法と、機械式保定装置による方法とがある。

スタニングさせたあとは、牛と同様に瞬時にナイフでスティッキング(喉の切開)して放血死させる。

前処理後に内臓を取りだし皮はぎ・背割り

十分に放血したあとは舌を取りだし、頭部と足を切断する。次に尻、首回りの皮をはぎ、直腸と肛門を切り離して内臓を取りやすくしてから尾を切断。その後、内臓を取りだして検査する。

豚の皮はぎは、欧米で行われている湯はぎ方式と、日本で広く採用されている皮はぎ方式とに大別される。皮はぎ後に自動背割機を使って牛と同様に分割し、枝肉洗浄機で枝肉を水洗いして検査を行う。異常がなければ枝肉に検印が押され、冷蔵庫へ。

最近では、枝肉を冷蔵庫に入れる前の状態(温と体)で素早く解体・加工することで、豚肉のもつ本来の結着力を活かした、リン酸塩などを使わないソーセージなども開発されている。

豚が枝肉になるまで

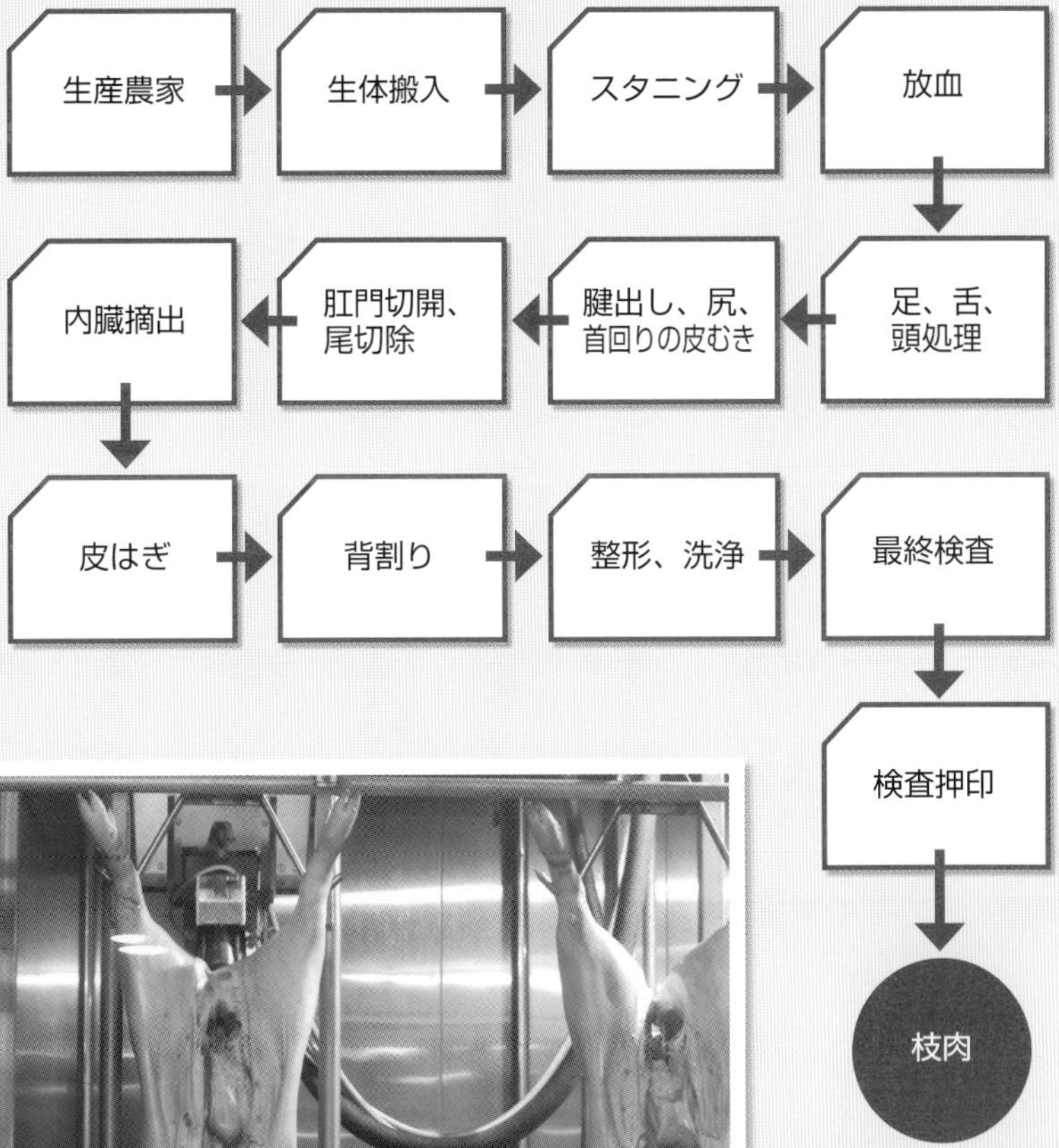

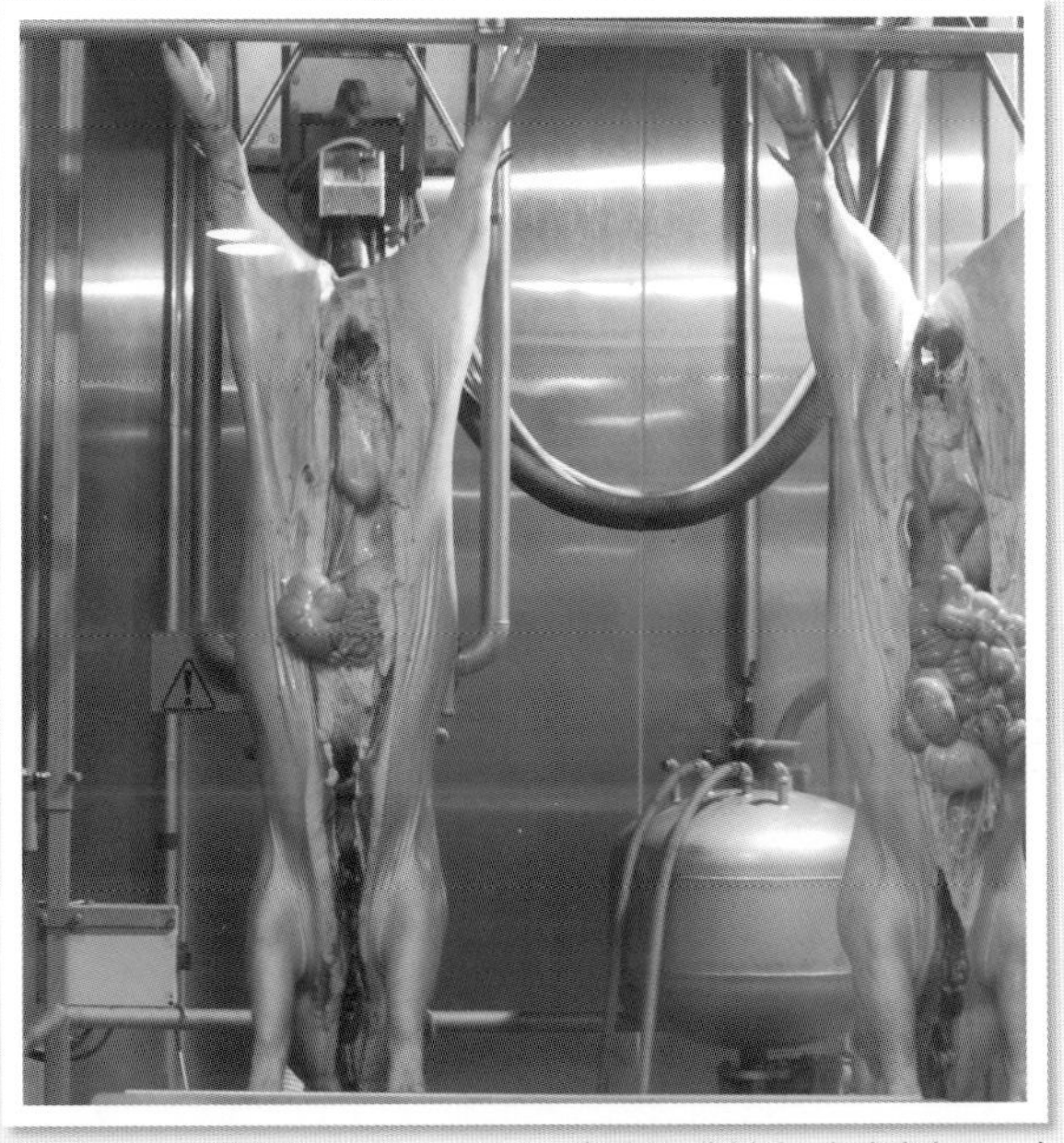

豚と畜場での内臓摘出工程。このあと、皮はぎ、背割りへとすすんでいく

命をいただく（3）鶏

インテグレーション化により自社で処理場を保有

豚や牛と異なり、鶏の処理・解体は「食鳥処理の事業の規制及び食鳥検査に関する法律」で認められた食鳥処理場で行われる。鶏のほかアヒルや七面鳥が、獣医師である食鳥検査員によって1羽ごとに行われる検査が義務づけられている。食鳥処理場は大規模食鳥処理場と、年間処理羽数が30万羽以下の認定小規模食鳥処理場に大別される。後者は食鳥処理衛生管理者（食鳥処理の業務に3年以上従事し、かつ、厚生労働大臣の指定した講習会の課程を修了した者）が検査する。ただし、食鳥検査員が定期的に立ち入り検査や指導を行う。食鳥処理場は全国に518カ所（2010年度、農林水産統計より）ある。

国内で生産される鶏は、若鶏（ブロイラー）と地鶏とに大別される。年間生産量（生体重量）はブロイラーが183万トン、地鶏が2.5万トン（2010年）で、ほかに、卵を産み終えた廃鶏が約16万トン。

ブロイラーはほとんどがインテグレーション化され、自社で食鳥処理場を保有しているケースが多い。畜産分野におけるインテグレーションとは、配合飼料や副資材の供給、飼養から生産加工、販売、流通まで、すべてに一貫した経営体制を築くことで、その主体は総合商社だ。

自動化がすすみ、脱骨ロボットも登場

一般的なブロイラーの処理工程について説明しよう。ブロイラーはヒナを導入してから40～50日で出荷される。解体時に腸内に飼料が残っていると、サルモネラなどの食中毒の原因となる細菌汚染につながるため、出荷直前は絶食させる（エサ切り）。捕鳥は手作業で行い、専用の捕鳥かごに入れて食鳥処理場まで輸送される。

輸送後に生体検査を行い、すぐに懸鳥して二酸化炭素ガスで麻酔。頸動脈を切って放血し、60℃前後の温湯につけて脱羽する。その後、頭と足を切り落として内臓を摘出し、食肉の部分（中抜きと体）と分ける。内臓は検査を行ったあと、食用の部分と廃棄する部分に区分けされる。中抜きと体は、各部位に解体される。骨はスープ用などに利用。トサカやモミジ（足の部分、形が葉のもみじに似ている）は医薬品の原料とされたり、中華料理の材料として輸出されている。

処理場は、生体の受け入れから処理・解体まで、オートメーション化がすすんでいるところがほとんどだ。人手に頼っていた骨付きモモ肉の脱骨工程を自動化した「全自動脱骨ロボット」も開発された。このロボットは、世界10カ国に650台が輸出されている。地鶏の場合、ブロイラーよりも出荷日齢が長いが、成長が遅い種が多く、ブロイラーと同じ食鳥処理場で処理されるものも多い。

鶏の解体

生産農家 → エサ切り → 生体搬入 → 懸鳥 → 放血 → 湯漬け → 脱羽 → 頭・足切除 → 内臓摘出 → 内臓除去（食用区分） → 中抜きと体

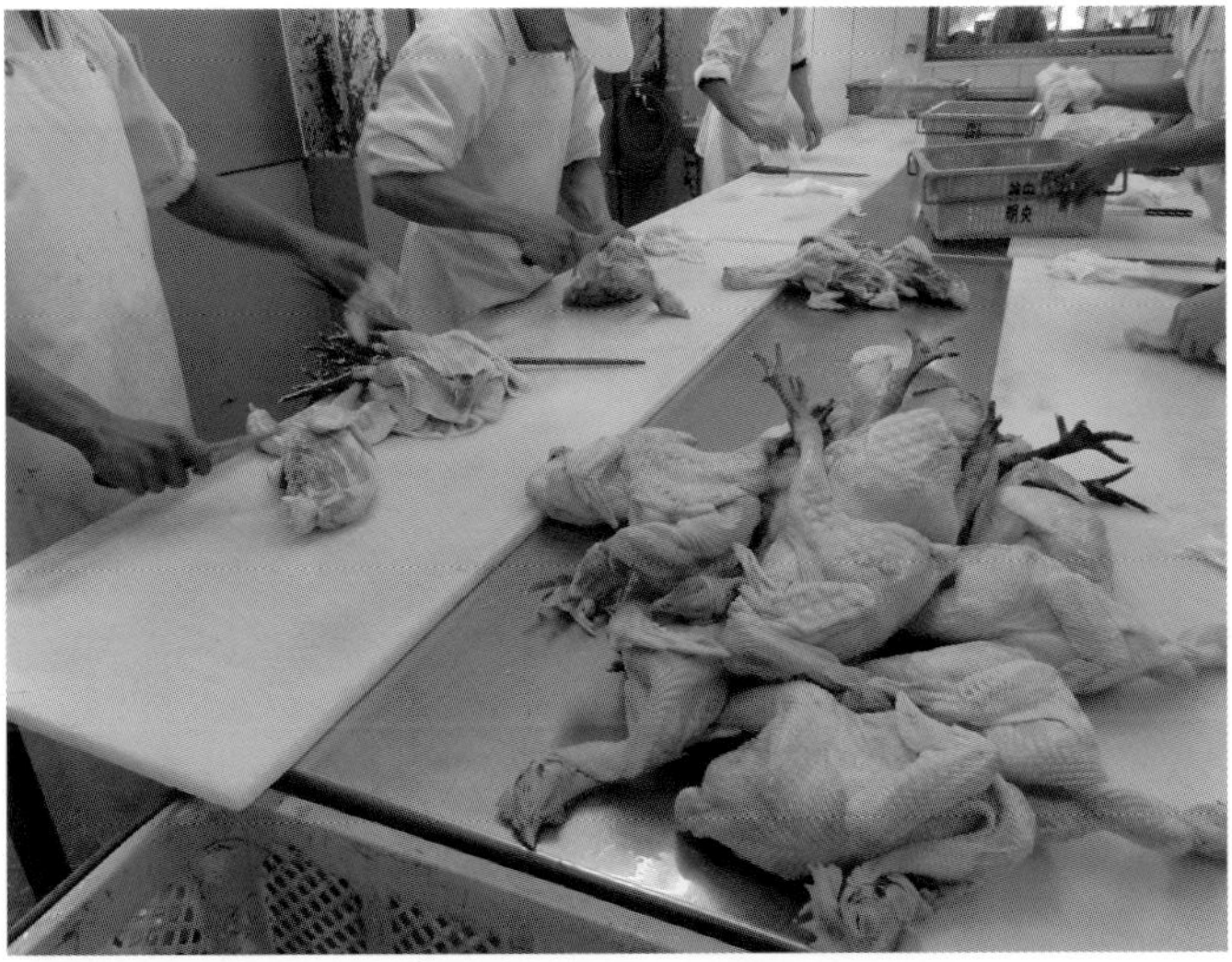

食鳥処理場での解体。頭と足を切り落とし、内臓を抜いてから、各部位に解体する

食肉の小割り

50とも100ともいわれる部位

流通している食肉の大きさは、ここ20～30年でどんどん小さくなっている。牛であれば、かつては全長3メートル近くもある枝肉や、せいぜい4分割したもの（しかも骨付き）が中心だったのが、13部位に分けて骨も取り除いた部分肉が主流となり、さらに小さく分割したコマーシャル規格（約30部位）までつくられた（10頁）。

小割り化はここにとどまらず、牛肉では50とも100ともいわれる小割り部位が流通している。スジや不要な脂などもきれいに取り除かれ、刺身のサクに近い形にまで小割り・整形されたポーションカット、個食パックである。おもな出荷先は、調理場に食肉を小割り・整形できる技術者をもたない外食産業。パックを破いたら切るだけという手軽さが重宝されている。

機械化が骨を除いてくれる

部分肉からポーションカットまで、様々な形への分割を行うのは、産地の食肉流通センターや、大・中規模の食肉卸売業者。近代化されたカット場を備え、個別の出荷先のニーズにきめ細かく対応する。

もちろん労働コストはかさみ、小割り化による細菌汚染のリスクも増えるので、省力化と徹底した衛生管理体制の構築が前提となる。

省力に関しては、機械化が急速に進んだ。牛枝肉の除骨・分割工程では、かつては人力で支えたりもち上げたりしてカットしていたが、自動除骨装置が開発され、スピードアップとともに、働く人の腰や腕への負担も軽減された。このほか、リフトからベルトコンベア、計量・包装機、ナイフ研磨機に至るまで、省力化を実現するとともに高い安全性をもったシステムが稼働している。

相次ぐ公的認証制度の導入

衛生管理面でもハード、ソフト両面でのシステム構築が進んでいる。ここ10～20年ほどで顕著なのは、公的な認証制度を導入し、衛生管理体制のあり方を第三者機関の客観的な評価に委ねようとする動きだ。

各地の食肉センターやカット場などで、製造・加工工程におけるＨＡＣＣＰ、品質管理におけるISO9001（国際標準化機構・品質管理システム）やISO22000（食品の生産・流通・販売を通しての安全性管理）、ＳＱＦ（食品の安全性・品質についての管理方法を検証・監視する食品安全規格）などの導入が相次いでいる。食肉の小割り・整形も、こうした新しいシステムに支えられている。

小割り化がすすむ食肉業界

パーツの大きさはどんどん小型化している。写真は焼肉店向けの展示･商談会で提案されたパーツの例

自動の除骨装置が導入された食肉センター。工程スピードがアップし、働く人の腰や腕への負担も軽減されている

食肉ができるまで

卸・小売り

卸は多様、小売りはスーパーの一人勝ち

食肉の卸売業は、昔からの卸専門業者に加えて、農協系やハム・ソーセージメーカー、商社系など様々な業種が参入している。ハム・ソーセージメーカーの多くは、売上の50%以上を生肉卸が占める大手食肉卸売業者でもある。また最近は、牛や豚の生産からスタートして、卸はもちろん加工、小売りまで手がける企業も多い。

一方、小売業はかつて主流だった食肉専門店が減り、1980年代に台頭してきたスーパーの「一人勝ち」的な状況となっている。JA総合研究所が2008（平成20）年に行った調査によると、肉の購入先としてスーパーをあげた人は、牛肉で72%、豚肉80%、鶏肉79%。生協（宅配を含む）は牛肉6%、豚肉9%、鶏肉8%。これに対して、専門小売店をあげた人は牛肉6%、豚肉と鶏肉は3%にすぎない。ごくわずかな老舗有名店などが健闘している状況である。

スーパーが生みだしたトレイパック

小売りを制圧した感のあるスーパーは、ここ20～30年で進んだパーツの小型化をリードしてきた主役だ。また、商品形態などの面でも、様々な変化をもたらす原動力となった。その最大のものはトレイパックだ。

従来の専門小売店では店頭でお客さんごとに計量、販売する形をとってきた。これだと細かな注文に応じることはできるが、時間がかかり、大量販売にはむかない。事前にパックしておけば、多くの種類がつくれるだけでなく、作業が効率化し、同じ時間でより多くの商品を売ることができる。

ただ、ここにきて消費者団体などから、使用済みの発泡スチロールトレイが環境汚染の一因になるとの指摘を受け、硬質のプラスチックフィルムで包装したノントレイ商品も出てきた。しかし、肉が空気にふれないため肉色が暗い赤色に見えてしまうのと、手に取ったとき、体温がじかに肉に伝わりそうな感触を敬遠する傾向もあり、どの程度普及するかはまったくの未知数である。

欧米とはちがい、薄切り肉が好み

店頭に並んでいる商品は、厚みのあるものから順に、切り身（標準的な厚さ1センチ以上）、焼肉用（5ミリ）、スライス（2ミリ）、しゃぶしゃぶ（1ミリ）。これに切り落とし、小間切れ、ひき肉が加わる。ブロック肉や骨付き肉もあるが、多くはない。小売り側から、かたまりや骨付きで料理するとおいしいという提案がされたこともあるが、欧米風の調理法は今ひとつ浸透していない。日本では肉本来の噛みごたえより、薄切りのやわらかさが好まれるようだ。

肉はどこで買う？

肉類のおもな購入先

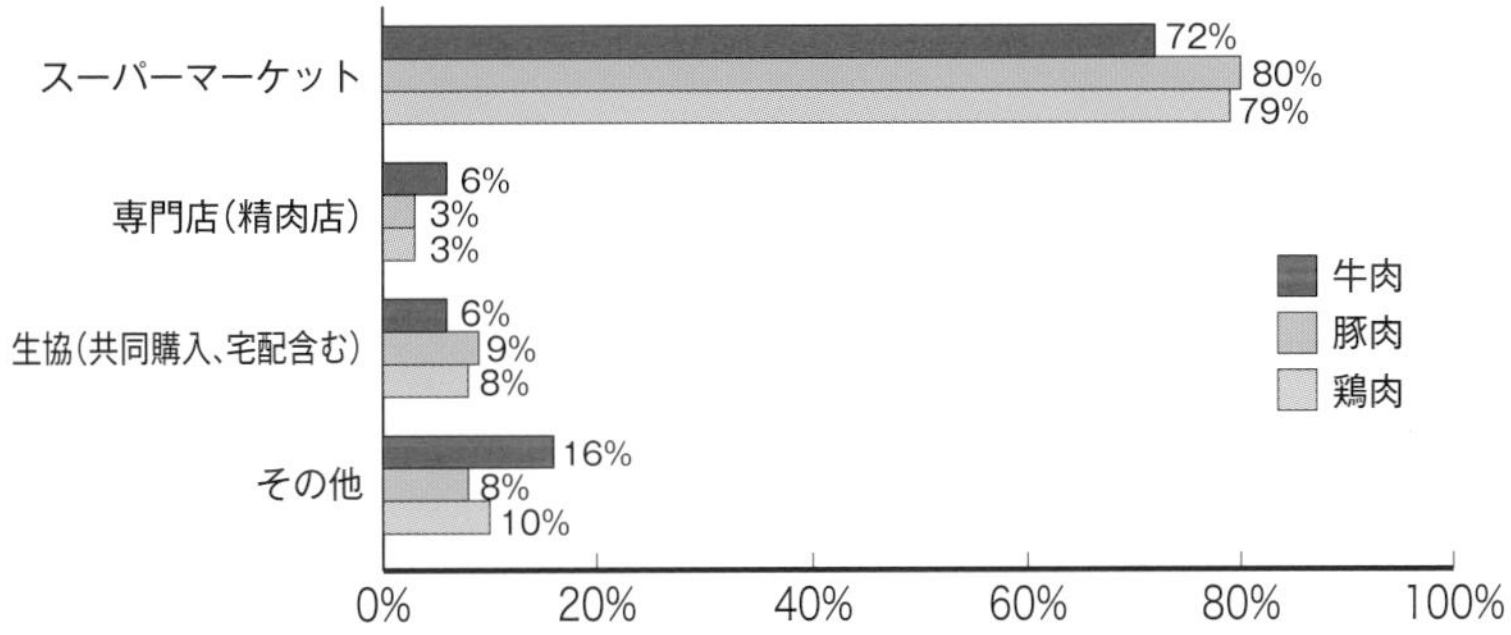

注：2008年8月29日～9月3日に行われたインターネットによる調査。調査対象は20代以上～70代以下の主婦、単身者男女。有効回答数は1,231件

（資料：（社）ＪＡ総合研究所「肉の消費行動に関する調査結果」、2008年）

硬質のプラスチックフィルムで包装したノントレイ商品。使用済みの発泡スチロールトレイが環境汚染の一因ともなるとの指摘を受け、最近、登場してきた

副生物（内臓など）の流通

専門業者が加工から流通まで担う

1頭の家畜が食肉となる際には、原皮（加工していない皮）や内臓、頭、尾、骨なども当然出てくる。これらは副次的に生産されるものとして、畜産副産物と呼ばれている。このうち原皮以外の内臓肉などを畜産副生物という。

具体的には、胃、小腸、大腸などの消化管系、レバー、心臓（ハツ）などの循環器系のほか、頭（カシラ）、タン、テール、横隔膜（ハラミ、サガリ）も含まれる。業界では消化器系を白モノ、それ以外を赤モノといい、副生物全体をバラエティーミートとかファンシーミートと呼ぶこともある。

畜産副生物が生産されるのは、もちろんと畜場。全国には簡易と畜場（処理能力が1日当り10頭程度）を除き191カ所のと畜場があり、各と畜場で取り出された内臓は、獣医師の資格をもつ検査員によって疾病、炎症などがチェックされ、内臓肉専門の業者に引き渡される。

業者はただちに消化管を切り裂いて内容物を除去して、冷水で洗浄し、氷で急冷処理する。鮮度が重要なためだ。可食部と不可食部とに分けられるが、可食部がすべて商品として流通するわけではない。副生物の商品化はタン、レバーなど一部を除いて非常に手間がかかるため、需要がなければ不可食部とともにレンダリング工場（化製場）へ運ばれる。

内臓肉は、枝肉とは流通システムが異なり、内臓肉専門業者が流通も担う。保存性が低いなどの理由から、と畜場の立地地域を中心とする狭い範囲の流通が主体で、広域流通は定着していない。また、牛と豚では扱いがちがう。豚は午前中にと畜されたものが、早ければその日の午後には店に届くが、牛はＢＳＥ（牛海綿状脳症）対策の検査を受けるため翌日以降の出荷となる。

おもな出荷先は焼肉店などの飲食店。最近ではスーパーでも焼肉商材として牛内臓類を店頭に並べるところが増えてきたが、こちらは輸入の冷凍物が中心。内臓類は小売段階での作業を省くために、専門業者が余分な脂肪をトリミングしたもの、切れ目を入れたもの、1人前の分量にスライスパックしたものなども登場している。

十分な加熱が必要

近年、牛の内臓肉やそこからの二次汚染が原因と疑われる食中毒がたびたび発生している。ある実態調査によると、第三胃、第四胃、盲腸、尾は食中毒起因菌の検出率が高いという。事例の多くは、ごく少量でも感染し、食中毒の原因となる病原腸菌Ｏ157やカンピロバクターによるものである。事故を防止するには、調理時の二次汚染防止や十分な加熱に加えて、食肉の流通過程の各段階における汚染拡大防止対策が重要である。

副生物（内臓肉）の流通ルート

と畜場

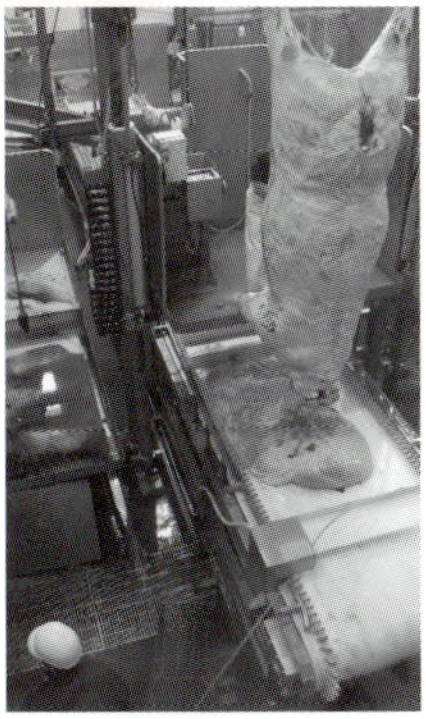

内臓肉 → 内臓肉専門業者 →

枝肉 → 食肉卸売市場・食肉加工業者など →

スーパーなどに並ぶ内臓肉は輸入の冷凍物が中心。
写真は焼肉ビジネスフェアで展示されたアメリカ産の内臓・内臓肉

スケール、業務内容がちがう畜産先進国のスローターハウス(と畜場)

●日本では1日に豚6～7万頭、牛5000頭を処理

40年ほど前、日本には500以上のと畜場があったが、国は昭和40～50年代から畜産振興に連動して政策的に小規模と畜場の統廃合をすすめた。衛生管理なども大きく変貌した。その契機になったのが腸管出血性大腸菌（O157）による食中毒の発生。と畜場における衛生措置基準を設定し、ナイフなどの洗浄消毒設備の設置や衛生管理責任者の設置、肛門と食道の結紮（けっさつ）などを義務づけた。さらにBSE発生を受けて、牛の全頭検査（2013年4月から「30カ月齢以上」の牛の検査となり、同年7月からは「40カ月齢以上」となる見通し）、特定危険部位の除去、焼却も行っている。こうして整備されたと畜場は、現在200カ所あまり。全国で1日豚6～7万頭、牛5000頭が処理されている。

●日本とは桁ちがい、海外のと畜場

一方、畜産先進国のと畜場は日本とはかなり異なる。世界最大のアグリビジネス複合企業であるカーギル社。その100%子会社・エクセル社を中心とする牛肉生産加工部門は、米国中西部の8州とカナダ、豪州、メキシコに拠点をもつ。米国内の牛肉プラントは5工場で、1日当りと畜能力は2万3000頭。豚肉は3工場で同3万9000頭の能力を有する。

豪州クィーンズランド州のACCは牛の繁殖・肥育からトレーパックまで一貫した処理・加工を行うビーフパッカー。同社の牛と畜・解体は1日当り1200頭で、部分肉、リテイル・レディー（店頭販売用）、パック肉、ソーセージ、ビーフパテなどの加工品まで同じ工場内のラインで製造する。豚肉の処理頭数で世界最大級なのは、デンマーク・デニッシュクラウンのホーセンス工場。1日2万頭のと畜・解体、部分肉加工、箱詰めまでを400メートルの直線ラインで効率的に行う。

「肉が主食の国々」のと畜場はスケールも業務内容も日本とちがうのは当然だが、効率的な作業動線、品質管理体制など、学ぶべき点が多い。

豪州のと畜場。と畜ばかりではなく、スーパーマーケットむけのパック肉製造も行っている

第7章

安全・安心への取り組み

肉に限らず、私たちの口に入る食べものは、生産から小売りの段階まで、徹底的な衛生管理がなされている。食肉の場合も、家畜の健康はもちろん、人間にとって有害な物質が入り込まないよう、厳しい監視と検査が行われている。

安全・安心を確保する

信頼の上に成り立つ安全・安心

人間は、日々食事をする。これは、食事をすることで生命を維持するとともに、「おいしいものを食べる」という喜びにもつながっている。

産業の発展にともなって流通経路の発達した現代においては、農作物を自分の手でつくらなくても、様々な食材を簡単に手に入れることができるようになった。都市部と農村部はお互いに遠い存在となり、都市部の消費者は、食肉、野菜、魚などの生産現場を近くに感じることはむずかしい。

いつでも近くで必要なものを購入できるという便利さを維持するためには、消費者は、流通の仕組みを信頼するほかない。しかし、これまでに幾度となく、消費者の信頼をゆるがすような事件が起きてきた。

正しい知識をもつことも重要

食肉についていえば、繰り返し起こる食中毒の発生や偽装事件などがあげられる。こうした問題が起きるたびに、消費者との信頼関係が崩れていく。流通サイドも様々な対策をとってはいるが、一度失った信頼はそう簡単にとり戻せるものではない。

安全性という土台の上に成り立つ「安心」とは、感情の問題であるためにむずかしい面も多い。それだけに、消費者の信頼を損ねるような事故は起こすべきではないし、安全性を維持することは生産者、流通業者の責務でもある。

しかし、消費者の側も「何かよくわからないがこわい」という漠然とした不安感情だけに左右されるのではなく、正しい知識を身につけて対応していく必要があるだろう。

生産現場から小売りまでをつなぐ

生産、加工、流通の側も、安全な食肉を届けるために、様々な取り組みを行っている。国内でのBSE発生以降、牛では、トレーサビリティシステムが確立されている。肉となる家畜の生産現場での飼養管理から、と畜、カット、加工、流通に至るまで、どの段階で、誰によって、どのようなことが起きたのかがさかのぼれるシステムだ。すべての牛は個体識別番号で登録され、どのように移動したか、どのような薬品を使用したか、どこでと畜されたかなど、すべてわかるようになっている。

これまでは、生産者は育て出荷する、流通は出荷された肉をと畜して小売店に並べる、というように、役割が完全に分かれていた。今後は、安全・安心のバトンを次々と渡していくような、生産現場から小売りまでをつなぐ取り組みが重要性を増すだろう。

食肉の安全を守るしくみ

食品の安全を守るために「From farm to table」という考え方がある。生産者（農場）から消費者（食卓）まで、一貫して安全管理をするという意味だ。もちろん食肉に関しても例外ではない。流通におけるそれぞれの段階で、様々な法令や関係者の努力により、食肉の安全を守るしくみができている。

	〔安全の担い手〕	〔法令〕	〔管轄〕
Step1 生体	生産者 都道府県畜産主務課 家畜保健衛生所 農林水産省肥飼料検査所 農林水産省動物医薬品検査所	家畜伝染病予防法 動物用医薬品の使用の規制に関する省令（薬事法による） 飼料の安全性の確保及び品質の改善に関する法律	農林水産省
Step2 食肉処理施設	と　畜　場 食肉センター 都道府県・市 食肉衛生検査所	と畜場法 食品衛生法	厚生労働省
Step3 卸売り 小売り	食肉卸売業者 食肉卸売市場 食肉加工業者 飲食店・ホテル 量販店・専門小売店 都道府県・市　保健所	JAS法（品質表示法） 食肉の表示に関する公正競争規約 食肉小売品質基準 食品衛生法	厚生労働省
Step4 家庭	消費者 ↑ 自ら守る食肉の衛生		

（資料：（公財）日本食肉消費総合センター　ホームページ）

安全な食肉をつくる

病気によるリスクを抑える

家畜も人間と同じ生きものである以上、病気にかかることもある。とくに近年は、農場の規模の拡大によって、同じ空間に多くの家畜を飼っているため、場内に病気がまん延する危険性が高まっている。こうしたリスクを抑えるため、生産者は畜舎の洗浄や消毒、農場スタッフ以外の立ち入りの制限など、個々の農場でできる衛生管理を行ってきた。

口蹄疫発生の教訓

このような状況のなか、2010年に宮崎県で口蹄疫が発生し、30万頭にもおよぶ牛や豚が殺処分されるという事態が起こった。これを機に、国による「飼養衛生管理基準」が見直され、農場内の衛生管理区域を定めること、この衛生管理区域への病原体の持ち込みを防止するため消毒設備を設置すること、部外者の衛生管理区内への入場を制限することなどが基準として定められた。

口蹄疫は、人に伝染する病気ではない。また、発生農場から30キロ圏内の家畜には移動制限がかけられて出荷ができなくなることから、肉が流通することもない。しかし、この口蹄疫発生は、圏内で約30万頭の家畜が処分されるという大きな打撃を畜産経営に与えた。

農場の衛生管理を向上させることは、家畜を健康的に飼うという目的だけでなく、安定した畜産経営にとっても重要なことといえるだろう。

SPF豚とは「特定の病原体を持たない」豚

店頭などで「SPF豚」と書かれたブランド肉を見たことはないだろうか。SPFとは、Specific Pathogen Free の略で「特定の病原体を持たない」という意味だ。病気を持たない健康な家畜の肉であることを「売り」にしている。何を「特定される病気」とするかは国などによってちがう。

国内の豚では、トキソプラズマ感染症、萎縮性鼻炎、豚赤痢、オーエスキー病、マイコプラズマ肺炎の5つの病気を特定している。日本SPF豚協会は、非常に厳しい飼養衛生管理基準を独自に定めている。たとえば、SPF飼養の認定を受けた種豚だけを使うこと、農場の出入りを制限すること、車両や人の移動に伴う消毒を徹底すること、農場への入場者は入退場時にシャワーを行うこと、などだ。

また、全国の養豚場のなかには、SPF豚協会の認定は受けていないものの、それに準じる飼養を行っている農場もある。生産者段階での衛生に対する意識やレベルは、常に向上してきているといえる。

農場での衛生管理

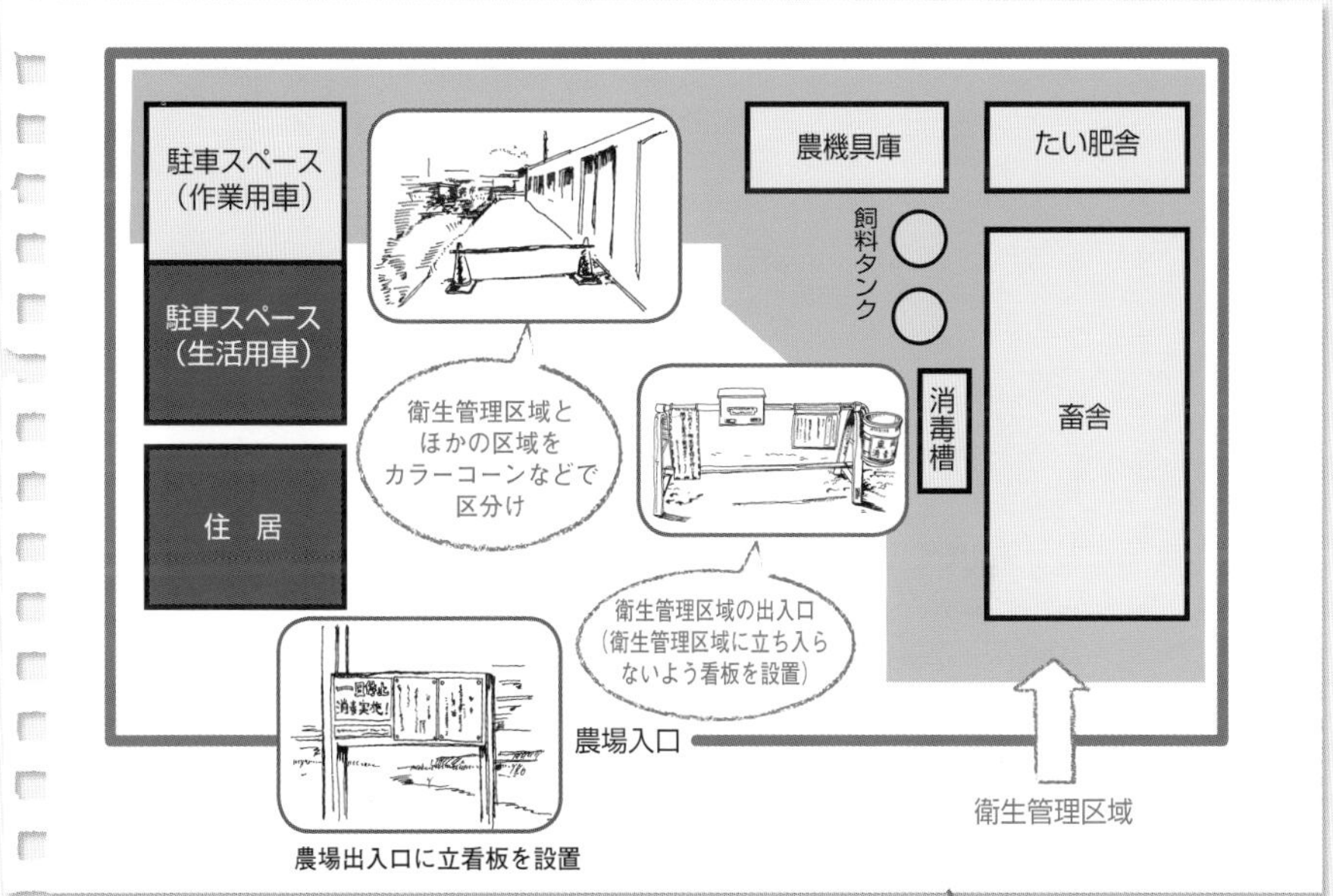

消石灰帯の設置

踏み込み消毒槽の設置

車両消毒設備の設置

（写真提供：北海道十勝家畜保健衛生所）

農場HACCPとは

生産農場での衛生管理手法

安心・安全な畜産物を確保するためには、食肉となる家畜や家禽を生産する農場において、病原菌や微生物を排除するだけでなく、注射針の混入や抗生物質の残留などについても管理することが非常に重要である。

農場HACCP（ハサップまたはハセップ）は、HACCP手法を農場の衛生管理に取り入れたもので、国の法律である家畜伝染病予防法で定められている飼養衛生管理基準に沿った農場の衛生管理手法である。HACCP手法とは、もともと工程管理によって不良品発生のリスクを排除する品質管理手法のこと。すべての生産工程を調査して危害要因（Hazard）が入り込むリスクを分析（Analysis）し、危害リスクを排除・低減するための必須管理点（Critical Control Point）を設定して管理する仕組みである。

2009（平成21）年8月に農林水産省が農場HACCP認証基準を公表し、2011（平成23）年12月に中央畜産会が認証機関として認定された。

PDCAサイクルでより大きな効果

農場HACCPの特徴は、HACCP手法をとり入れつつも、マネジメントシステムであるISO22000をベースにつくられている点にある。計画の作成（Plan）、毎日の確認・記録（Do）、定期検証・内部検証（Check）、改善・実行（Action）といったPDCAサイクルによって、システムの継続的改善を図り、安全性や生産性の向上へつなげるという仕組みである。これによって、経営者の経営管理能力向上や農場従事者のスキルアップにもつながり、従来のHACCPの弱点でもあった人的事故を未然に防ぐ効果が期待できる。

農場HACCPで管理の対象となる工程は、飼料や素畜（子牛など）・素ヒナ、またワクチンや資材など、農場に入ってくるものから、出荷される家畜・畜産物（卵・生乳など）までの範囲に及ぶ。危害要因としてあげられるのは、サルモネラ属菌やカンピロバクター、腸管出血性大腸菌O157といった病原菌、出荷時の注射針の混入や抗生物質の残留などである。これらを管理するために、素畜や資材の導入時や飼料の切替え時、出荷時などにCCPを設定するのが一般的だ。

農場HACCP認証までの流れ

農場HACCPの認証を受けるためには、認証機関へ申請を行い、審査員による文書審査を受ける。その後、現地審査が行われ、適合と認められると、審査員は認証機関へ推薦書を出し、認証機関が認証の可否を判断する。2013（平成25）年3月現在、18の農場が認証を受けている。

農場HACCPにおけるPDCAサイクル

Plan

- HACCPを導入実行するためのチームを編成
- 危害要因（サルモネラ菌、抗生物質の残留など）の設定
- 生産工程の確認
- 重要管理点（CCP）の設定
- マニュアルの作成

Do

- 従業員へのマニュアルの周知
- マニュアルに沿った工程管理
- 作業日誌やその他チェック事項の毎日の記録

Check

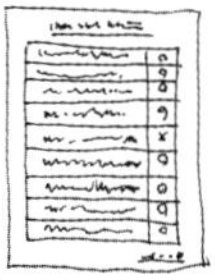

- 記録簿の点検
- 危害要因の検査
- 事故の有無などの調査

Action

- 検査結果、調査結果の確認
- 問題点の洗い出し
- 改善のための対応策を検討
- マニュアルの修正

（「肉牛農場における衛生管理の導入手引書」（北海道）や、各地の家畜保健衛生所の資料をもとにまとめた）

牛のトレーサビリティ

安全性の確保をめざして

生産現場から小売りまで、1頭ごとに出生、飼養管理やと畜の情報を継続して伝達していくことをトレーサビリティという。牛の場合は、2001（平成13）年に国内ではじめて確認されたBSE（牛海綿状脳症）の緊急対策として個体識別を制度化し、このトレーサビリティを実現した。牛肉の安全性に対する信頼を確保したり、BSEのまん延防止措置を的確に行うことなどを目的に、国によって構築されたもの。

個体識別とは、牛1頭1頭に番号をつけ、生産から小売りまでの情報を記録し、その履歴を把握すること。BSEは牛などの家畜のみならず、感染牛の肉を食べることによって人への感染の危険性もあることから、こうした対策がとられるようになった。

牛の移動ごとに情報が蓄積される

個体識別台帳とは、牛の出生、雌雄などの個体情報、牛を管理した人の情報、牛のと畜・死亡の3つの情報が記載されているもの。

まず生産者は、牛が生まれたら農林水産大臣に出生の届け出をする。届け出の内容は、出生の年月日、雌雄、母牛の個体識別番号、牛の種別などである。また牛を輸入した場合も輸入年月日、雌雄、種別、輸入先の国名などを届け出る。これらの届け出は、農林水産大臣から委任された（独）家畜改良センターがデータ化し、個体識別台帳を作成し、管理している。

個体識別番号は10桁の数字で、この番号が印字された耳標（耳につけるタグ）が牛に装着される。このタグはと畜まで外されることはない。また、出生した繁殖農場から肥育農場に販売されるなど、牛が移動するごとに届け出が必要となる。譲渡する側、される側のどちらも届け出なければならない。牛が死亡した際や、輸出の場合も届け出は必要となる。

牛の出荷後は、と畜者が個体識別番号、と畜の年月日、出荷元の相手先などを届け出る。農林水産大臣への届け出義務はここまでである。

ホームページで個体識別番号を検索

こうして蓄積されたデータは、と畜業者によって、肉とともに販売業者に渡される。このデータを販売業者は表示する義務があり、仕入先の情報なども帳簿に記録・保存される。

肉のパッケージに貼られた表示シールには、牛の個体識別番号が表記されている。（独）家畜改良センターのホームページでこの番号から検索することができ、その牛の履歴を知ることができる。一度試してみてはいかがだろうか。

牛のトレーサビリティシステム

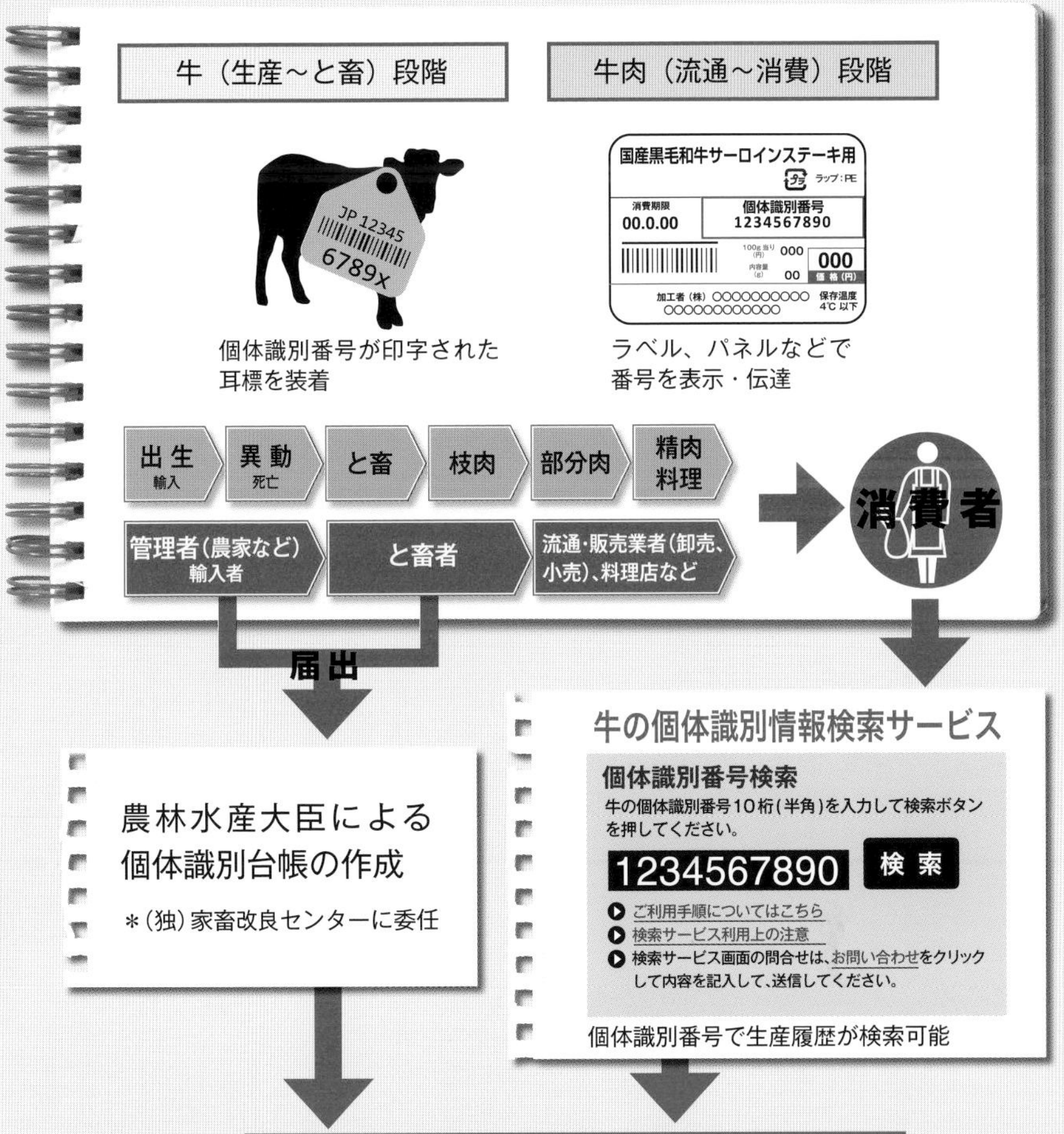

牛個体識別情報

個体識別番号	生年月日	性別	種別	母牛の個体識別番号
1234567890	H.20.05.21	オス	ホルスタイン種	0000654321

	飼養地	異動内容	異動年月日	住所	氏名または名称
1	岩手県	出生	H.20.05.21	盛岡市	家畜改良センター岩手牧場
2	岩手県	転出	H.20.05.29	盛岡市	家畜改良センター岩手牧場
3	秋田県	転入	H.20.05.29		
4	秋田県	転出	H.23.08.08		
5	東京都	搬入	H.23.08.08	港区	東京都立芝浦と場
6	東京都	と畜	H.23.08.09	港区	東京都立芝浦と場

（農林水産省「牛肉のトレーサビリティと牛の個体識別」などをもとに作成）

豚・鶏のトレーサビリティ

制度化は、これから

豚、鶏は、牛と異なりトレーサビリティ（個体識別による追跡）が制度化されてはいない。しかし食肉の安全・安心への関心が高まるなかで、豚や鶏においても、食品事故の際の迅速な回収や原因究明、表示情報の信頼性の向上を目的として、トレーサビリティシステムの構築が推奨されている。2007（平成19）年、農林水産省は豚、鶏のトレーサビリティの手引きを発表した。

豚、鶏の場合、牛と異なり、個体ではなく群で飼養されている。そのためトレーサビリティも、個体ではなく群ごとに記録するケースが多い。

豚は群ごとに記録

豚では、与えられた飼料や動物用医薬品、豚舎、豚房の移動、と畜された場所などが記録される。

豚で実施しているように群で管理する場合、群の編成が生まれたときから出荷まで、ずっと同じという農場ばかりではない。豚は農場内でも豚舎を移動するうえ、その移動時に群編成を変える農場も少なくない。そういったケースを、どう記録していくか。また、群で情報を管理する場合、たとえば30頭の群のうちの1頭でも体調が悪くなって治療をした際に、その群のすべての豚が治療されたという記録になってしまう。

生産現場でとった記録を、どのようにと畜場から流通までつなげるかということも、課題の1つである。対策として、と畜場では加工のためのロット番号を活用するなどの方法がとられている。

また、一部の農場では個体管理に挑戦しており、それに対応できると畜場なども出てきている。しかし、コストの問題もあり、まだまだ一部の農場での実施にとどまっているのが実情だ。

鶏も群で記録するが、豚より容易

鶏の場合も飼料、ワクチネーション、と鳥した場所などが記録される。群での管理であることも同じだが、鶏はヒナを購入して鶏舎に導入して以降、農場内で移動させることはほとんどない。ロットの管理は、豚よりは容易だろう。

また、鶏舎ごとに一度に導入するケースが多いため、1ロットは当然大きくなる。ロット内の鶏はその飼育条件、品種、移動日（導入日、出荷日など）が同じであることが必要であるため、複数の鶏舎からなる生産農場全体の鶏すべてをロットとする場合と、鶏舎ごとの鶏をロットとする場合の2パターンで管理するケースが多い。

「導入の手引き」によるトレーサビリティ管理のポイント

豚におけるトレーサビリティ管理のポイント

工程	管理項目	トレーサビリティ管理のポイント
飼育管理	ロットの形成	・飼育のロットを定める（同一の豚舎・豚房、品種、飼料、体重などを条件に設定）。
	記録・保管	・豚舎と肉豚の対応づけ記録（ロットごとの飼育開始日、品種、頭数など）。 ・繁殖農場や家畜市場から導入した場合は、導入日、頭数などの記録を保管する。 ・肉豚が豚舎・豚房間を移動した場合は、豚舎・豚房ごとにその記録を保管する。
↓		
肉豚の出荷・販売	ロットの形成	・出荷のロットを定める（飼育ロットを基本に同一の出荷日、品種などを条件に設定）。
	記録・保管	・豚舎と出荷する肉豚を照合し、その記録を保管する（ロットごとの出荷日、豚舎・豚房、品種、頭数など）。
	分別管理	・同一日に複数のロットの出荷を行う場合は、混ざらないようにする。
	情報の伝達	・出荷先に伝達すべき情報(*)を、出荷の明細書などで伝達する。

＊：生産農場名、品種、出荷日、頭数、識別記号

（資料：豚肉トレーサビリティシステムガイドライン策定委員会「豚肉トレーサビリティシステム導入の手引き」）

肉用鶏におけるトレーサビリティ管理のポイント

工程	管理項目	トレーサビリティ管理のポイント
ヒナの導入	導入時の照合	・同一日に導入した納品伝票の明細とヒナを照合し、その記録を保管する（ロットごとの納品日、仕入先、品種・鶏種、羽数など）。
	伝票の保管	・納品伝票の保管。
↓		
飼育管理	ロットの形成	・同一の導入日、品種・鶏種、鶏舎などを条件に飼育する肉用鶏のロットを定める。
	記録・保管	・鶏舎と飼育する肉用鶏を照合し、その記録を保管する（ロットごとの導入日、鶏舎名、品種・鶏種、羽数など）。
	移動時の記録	・肉用鶏が移動した場合は、鶏舎ごとにその記録・保管を行う。
↓		
肉用鶏の出荷・販売	ロットの形成	・飼育ロットを基本に同一の出荷日などを条件に出荷する肉用鶏のロットを定める。
	記録・保管	・鶏舎と出荷する肉用鶏を照合し、その記録を保管する（ロットごとの出荷日、鶏舎名、品種・鶏種、羽数など）。
	分別管理	・同一日に複数のロットの肉用鶏を出荷する場合は、相互に混ざらないようにする。
	情報の伝達	・出荷先に伝達すべき情報(*)を、出荷の明細書などで伝達する。

＊：生産農場名、品種・鶏種名、出荷・販売日、羽数

（資料：鶏肉トレーサビリティシステムガイドライン策定委員会「鶏肉トレーサビリティシステム導入の手引き」）

豚における農場HACCPとは

畜種によってちがう危害要因

農場HACCP（ハサップまたはハセップ、116頁）とはHACCP（危害要因を分析し、それを排除・低減するための必須管理点を設置して管理する仕組み）の考え方をもとに、農場内での安全性を確保しようとするもの。農林水産省では、生産現場での衛生管理の向上を目的として飼養衛生管理基準の見直しを行うとともに、生産農場で危害要因をコントロールできるよう、農場HACCPを推進してきた。

2009（平成21）年には畜産農場における飼養衛生管理向上の取組認証基準（農場HACCP認証基準）を公表し、農場HACCPを認証制度化している。

危害となる要因は、畜種ごとに変わってくる。たとえば、ワクチンや薬剤の摂取に注射を使う牛や豚では注射針の残留は危害要因となるが、注射針を使わない鶏には危害とはならない。また、発生する病気の種類や管理上のポイントなども、畜種によって異なる。

農林水産省が出している畜種別衛生管理規範によれば、豚での重要管理事項については、豚の健康管理、抗菌性物質等薬物の残留、注射針の残留、有害微生物の異常汚染に関わる事項があげられている。それぞれの事項には、次頁で示すように具体的な要求内容や検証方法、文書化・記録方法が定められ、それらを確実に満たすことが求められている。

重要なサルモネラ菌汚染の防止

このうち健康管理に関わる事項については、サルモネラ菌による汚染の防止を主眼にしている。サルモネラ菌は、食中毒の原因の3分の1を占める。豚の成長への影響はもちろん、食の安全・安心を考える上でも、その防止対策に万全を期すことは不可欠だ。

注射針や抗生物質の管理

ワクチンの接種や、場合によっては病気の治療などで、養豚の生産現場では注射を行う機会がある。問題となるのは、この注射針が折れ、肉に残留してしまうケースである。注射針を適切に管理すること、正しい方法で注射をすること、残留した場合は除去すること、除去したときは記録とマーキングを徹底し、残留があることがわかるようにしておくことなどが、管理上求められている。

豚の治療などに抗生物質などの薬剤が使われる。薬剤ごとに休薬期間や出荷制限期間などが定められており、適切に使えば残留のおそれはない。

薬剤の管理と投薬時記録の徹底、出荷制限期間などの厳守が重要だ。そのために、投与の中止、出荷延長などの措置をとることとしている。

豚における重要管理事項

（１）豚の健康管理に関わる要求事項

①要求事項

ア．臨床的な健康状況のチェック基準を明確にし、文書化していること。
イ．異常豚確認の手順・方法、判定基準を明確にし、文書化していること。
ウ．異常豚の隔離、治療、淘汰の手順・方法、判断基準を明確にし、文書化していること（獣医師の指示の厳守が含まれていること）。

②検証

ア．異常豚の隔離、治療、淘汰記録の確認
イ．獣医師の指示書の確認
ウ．病性鑑定書の確認

③文書化及び記録

ア．文書は、保持し、更新されなければならない。

（2）抗菌性物質等薬物の残留に関わる要求事項

①要求事項

ア．抗菌性物資等薬物投与及び中止の手順・方法を確立し、文書化していること（獣医師の指示の厳守が含まれていること）。
イ．投与の記録を保持すること。
ウ．識別の方法を定め、文書化していること。
エ．隔離の基準を明確にし、文書化していること。
オ．目視検査等適切なモニタリング方法を決定し、文書化していること。

②検証

ア．識別の実施状況（徹底されていること）
イ．獣医師の指示書の確認
ウ．投薬記録の確認
エ．残留検査の結果の記録

③文書化及び記録

ア．文書は、保持し、更新されなければならない。

（資料：農林水産省「農場 HACCP 認証基準・第Ⅱ部　畜種別衛生管理規範〔豚編〕」）

食肉の保存と賞味・消費期限

肉はラップして小分け冷凍を

せっかく手に入れた食肉をむだなく使い切るには、コツと知恵が必要。上手に保存して、おいしく肉をいただこう。

なお、肉を冷蔵する場合は、牛肉で3日、豚肉で2日がおいしく食べられる限度。これ以上日にちがたつとうま味が落ちてくる。肉の保存のコツは次のとおり。

①包みなおして保存

肉は空気に触れると酸化がすすんで風味が落ち、雑菌やカビが繁殖しやすくなる。ラップできっちりと包みなおし、さらに密閉できる保存用ポリ袋などに入れる。ラップには、ホコリの混入や乾燥を防いだり、臭いが移るのを防ぐ効果があるが、何より空気を遮断して酸化を防ぐという利点がある。

②余分な水気を取って保存

鶏肉が日もちしないのは、水分が多いため。脱水シートにはさむか、クッキングペーパーで水気をとって冷蔵保存を。余分な水分がなくなることで、味もよくなる。

③小分け冷凍を

必要なときに必要な量を取り出せるよう、小分けして冷凍保存することがおすすめ。薄切り肉は家族の人数分で小分けする。

ただし豚や牛のブロック肉をそのまま家庭で冷凍するのは考えもの。厚みがあるので、ゆっくり凍結するため、細胞が破壊され、解凍するときにドリップ（肉汁）が多く流れ出てしまう。

④肉はなるべく低温でゆっくり解凍

冷蔵庫かパーシャル庫で数時間置いておくと半解凍になる。この状態で調理をはじめていい。完全に解凍してしまうとおいしい肉汁が流出してしまう。

加工製品の賞味期限と消費期限

ハムやソーセージなどのすべての加工食品には、JAS法や食品衛生法の規定により、賞味期限、消費期限のどちらかが表示されている。

賞味期限とは、劣化が比較的遅い食品を未開封で所定の環境においた状態で、製造者が安全性や味、風味などの品質が維持されると保証する期限を示す日時。つまりおいしく食べることができる期限で、たいていの製品は冷蔵で3週間、冷凍で3カ月となっている。ただし、この期限がすぎてもすぐに食べられないということではない。

消費期限は、開封していない状態で、表示された方法で保存した場合に食べても安全な期限を示している。

食べられるのに、期限がすぎているからと捨てるのではもったいない。とはいえ、次頁のような状態のものは食べられない。ご注意を！

こんな状態のものは食べられない

白く糸をひく

ネバネバしている

このネバネバは「ネト」といって、適切な温度管理がなされていない場合に、細菌の繁殖によって起こる現象だ。

真空包装されている製品で真空もれを起こしたものは日もちが極端に悪くなる。
その原因は、商品が落下するときなど強い衝撃を受けた場合に多い。

真空なのに空気が入っている

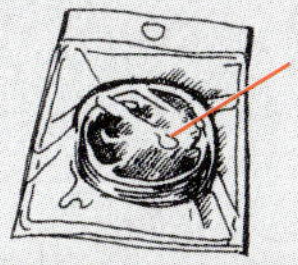

水が多く白濁している

カビ

包装がパンパンにふくれている

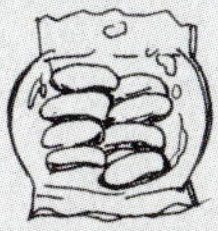

酸っぱい臭いがする

（出典：プリマハム ホームページ）

原発事故と食肉の安全・安心

福島第一原発事故と牛たち

福島第一原発事故で被害を受けたのは人間だけでなく、多くの動物も同じだ。震災前に警戒区域内にいた約3500頭の牛は現地に置き去りにされ、数百頭は生き残って野生化。残りは餓死あるいは病死したほか、殺処分もされた。

牛の被害はそれだけではない。事故で汚染された稲ワラを食べた牛の肉から基準値を超える放射性セシウムが検出されたのだ。出荷は自粛され、自粛前に出荷された肉牛の肉は追跡調査されたため、規制値を上まわる肉が市場に出ることはなかった。しかしこの報道は、食肉の安全を脅かすきっかけとなり、風評被害に拍車をかけることとなった。

放射性物質と放射線

放射能とは、放射線を出す能力のこと。放射能をもっているのは、放射線を出す能力をもつ放射性物質だ。この能力の強さを表す単位がベクレル（Bq）。生きものすべてが悪影響を受けるのが放射性物質から出される放射線で、人が受けた放射線の影響のレベルを表す単位がシーベルト（Sv）だ。

放射性物質には、核燃料物質のウランやプルトニウム、核反応を起こした際につくりだされるヨウ素やセシウムなどがある。今回、家畜のエサに蓄積して問題になったのは、この放射性セシウムである。

DNAを破壊する放射線の恐ろしさ

DNAは遺伝子とも呼ばれ、生きものの設計図的な役割を担っている。これをもとに細胞が分裂・分化を繰り返し、様々な器官ができて体がつくられる。DNAは何らかの原因で壊れても、修復して複製する性質をもっているので、生きものは変わらずに存在できる。

ところが放射線は、この重要なDNAを徹底的に破壊してしまう。細胞の核に大量の放射線が通ると、DNAがずたずたに切断され、回復する間もなく細胞は死んでしまう。これが体のなかで同時に起きるのが高線量被ばく。一度に6～7シーベルトを浴びると99％以上の人が死亡する。

厳格な規制を食肉に適用

現在、放射性物質の累積線量の限度が年間1ミリシーベルトを超えないように、内閣府の食品安全委員会で規制している。食肉も、もちろんこの枠を超えるものは出荷されない。事故直後の混乱から脱して、福島の食肉の安全・安心に揺るぎはない。ただし、風評被害は続いている。これを乗り越えるためには、消費者のさらなる理解が必要だ。

放射線とは

放射性物質と放射線のちがい

放射線の影響の簡易な計算法

1Sv（シーベルト）＝ 1,000mSv（ミリシーベルト）
＝ 100万μ Sv（マイクロシーベルト）

1mSv（ミリシーベルト）＝ Bq（ベクレル）／ 100

放射性セシウムの新基準値

（2012年4月施行、厚生労働省）

（単位：Bq/kg）

食品群	基準値
飲料水	10
牛乳	50
一般食品	100
乳児用食品	50

注．放射性ストロンチウム、プルトニウムなどを含めて基準値を設定

人獣共通感染症

世界で見つかる新しい感染症

人獣共通感染症（ズーノーシス）とは、動物由来感染症とも呼ばれ、人と動物との間に共通する病気（感染症）のことをいう。ＷＨＯ（世界保健機関）とＦＡＯ（国際連合食糧農業機関）によって管理されており、「脊椎動物と人との間で自然に移行するすべての病気または感染」と定義されている。その対象となる動物は哺乳類だけでなく、魚類、両生類、爬虫類、鳥類なども含まれる。

土地開発や自然環境の変化、野生動物のペット化、人や動物の国際的な移動などにともない、世界的にみて新しい感染症が次々に見つかっている。なかにはＳＡＲＳ（重症急性呼吸器症候群）やエボラ出血熱などのように重症化するもの、有効な治療法がまだ確立されていないものもある。ＷＨＯが確認しているだけでも１５０種類以上の人獣共通感染症があるが、日本にすべての感染症が存在するわけではない。

身近な食中毒症

食肉衛生上重要な感染症にはサルモネラ症、炭疽《たんそ》、トキソプラズマ症などがある。

いちばん身近なのはサルモネラ症だろう。原因となるサルモネラ菌は、家畜の消化管に常在しているので、食肉や卵を介して人間に感染し、食中毒を引き起こす。予防としては、生産加工関係者による食肉や卵への汚染防止と、調理時に十分加熱をすること。

炭疽は炭疽菌によって起こり、牛豚などから直接あるいは製品を通して人間に感染し、皮膚炎や腸炎、肺炎を起こす病気である。日本ではと畜検査の段階で廃棄処分され市場に流通することはない。感染力が強力なため、死亡するケースがある。２００１年にアメリカで起きた炭疽菌テロ事件では、５名が肺炭疽で死亡している。

トキソプラズマ症は、豚や猫にみられる。豚の感染率は減少傾向にあり、近年では猫から人間への感染が危惧されている。妊娠初期の女性が感染すると、胎児が死亡したり、脳障害を起こす可能性がある。

高病原性鳥インフルエンザの脅威

高病原性鳥インフルエンザは、人間に感染すると重い肺炎を引き起こし死に至らしめる怖い病気だ。日本を含めて、アジア各国で発生が確認されており、２０１３（平成25）年４月には中国で、新型の高病原性鳥インフルエンザ（Ｈ７Ｎ９型）が発生した。食品としての鶏肉や卵による感染の報告はなく、原因となるウイルスは加熱調理すれば死滅する。何よりも生きた病鳥との接触を避けることが肝心だ。

おもな動物由来感染症

群	動物種（昆虫含む）	おもな感染症	予防のポイント
ペット動物	犬	パスツレラ症、皮膚糸状菌症、エキノコックス症、狂犬病*1、カプノサイトファーガ・カニモルサス感染症、コリネバクテリウム・ウルセランス感染症、ブルセラ症	節度ある触れ合い手洗いなどの励行
	猫	猫ひっかき病、トキソプラズマ症、回虫症、Q 熱、狂犬病*1、パスツレラ症、カプノサイトファーガ・カニモルサス感染症、コリネバクテリウム・ウルセランス感染症、皮膚糸状菌症	
	ハムスター	レプトスピラ症、腎症候性出血熱、皮膚糸状菌症、野兎病	
	小鳥	オウム病	
野生動物	爬虫類	サルモネラ症	病気について不明なことも多いので、一般家庭での飼育は控えるべき
	観賞魚	サルモネラ症、非定型抗酸菌症	
	プレーリードッグ	ペスト*1、野兎病	
	リス	ペスト*1、野兎病	
	アライグマ	狂犬病*1、アライグマ回虫症*2	
	コウモリ	狂犬病*1、リッサウイルス感染症*1、ニパウイルス感染症*1、ヘンドラウイルス感染症*1	
	キツネ	エキノコックス症、狂犬病*1	
	サル	エボラ出血熱*1、マールブルグ病*1、Bウイルス病*2、細菌性赤痢、結核	
	野鳥（ハト、カラスなど）	オウム病、ウエストナイル熱*1、クリプトコックス症	
	ネズミ	ラッサ熱*1、レプトスピラ症、ハンタウイルス肺症候群*1、腎症候性出血熱	
家畜	ウシ、家きんなど	Q 熱、クリプトスポリジウム症、腸管出血性大腸菌感染症、鳥インフルエンザ (H5N1) *2、炭疽	適切な衛生管理
その他	蚊	ウエストナイル熱*1、デング熱、チクングニア熱	虫除け剤、長袖、長ズボンなどの着用
	ダニ類	ダニ媒介脳炎、日本紅斑熱、クリミア・コンゴ出血熱*1、つつが虫病、重症熱性血小板減少症候群 (SFTS)	

＊1. 日本で病原体がいまだ、もしくは長期間発見されていない感染症
＊2. 日本では患者発生の報告がない感染症

（資料：厚生労働省「動物由来感染症ハンドブック 2013」）

安全・安心への取り組み

宮崎県の口蹄疫禍を忘れない

●強力な感染力をもつ口蹄疫

29万7808頭。これは、2010（平成22）年4月に宮崎県で発生した口蹄疫によって、8月の終息宣言までに感染して犠牲になった牛や豚の数だ。

口蹄疫は、偶蹄類の家畜（牛、豚、山羊、緬羊、水牛など）や野生動物がかかるウイルス性伝染病だ。これにかかると、熱が出て元気がなくなり、よだれを多量に出すようになる。舌や口のなか、蹄の付け根などを見ると、皮膚の軟らかいところに水ぶくれができている。やがてそれが破裂して傷口になると、エサを食べられなくなり、次第に弱ってくる。乳量が激減し、やせてくるから肉としても最悪の事態だ。

人間には感染しないし、食べてもうつらないが（日本では決して患畜の肉や牛乳が出まわることはない）、恐ろしいのは感染力が強いということ。

●忘れない、そして前へ

口蹄疫の感染を防ぐために発生農場の家畜はすみやかに殺処分され、周辺の農場の家畜の移動も制限して消毒を徹底するというのが世界共通の対策となっている。宮崎県では諸般の事情から初期対応が遅れ、感染が急速に広がった。その数が約30万頭だが、のちに韓国で発生した口蹄疫禍では、日本の10倍以上の約350万頭もの牛豚が犠牲になっている。

目にみえない口蹄疫の広がり。人間の移動も感染を広げるとして規制され、観光も含めて経済的に大きな損失を被った。毎日愛情をもって世話をしていた家畜を殺さざるを得なかったつらい体験は、関係者にとって精神的なダメージとなった。これを二度と繰り返してはならない。

この口蹄疫禍で、畜産関係者は大きな教訓を得た。いかに日ごろの衛生管理が大切か。そして、消費者を巻き込んだ危機管理意識の徹底も求められる。韓国・台湾・中国などは、口蹄疫が発生しつづけている国だ。観光目的で、むやみに家畜のいるところに立ち入ることは控えるべきだろう。

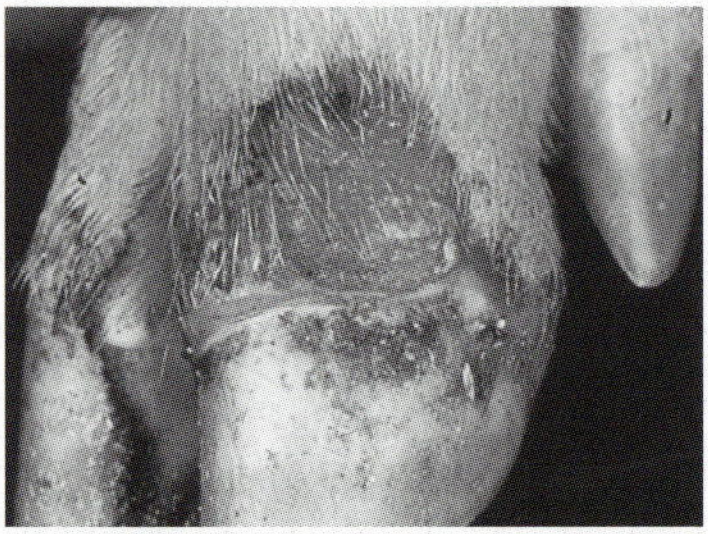

豚の口蹄疫の症状

第8章

食肉のビジネス

肉にかかわる仕事は、家畜の生産から卸・小売りまで様々だ。それぞれの関係者が、業界を盛りあげようと様々な試みを行っている。肉を直接販売したり、直営のレストランを経営する生産農家も増えてきた。消費者に肉のことを知ってもらおうと「お肉検定」も始まった。

肉用牛肥育経営は儲かるか

1頭の牛を売ると3万円損する!?

農林水産省が毎年公表している去勢若齢肥育牛生産費（2011年確報）によると、牛1頭を育てて農家が得ることのできる収入は、牛を出荷・販売した金額に、その牛が出した糞や尿を堆肥として販売した金額などをたして、79万8910円となっている。しかし、牛を育てる経費は1頭当り83万560円であり、これを差し引くとマイナス3万1650円となる。

簡単にいえば、2011（平成23）年の場合、肉用牛肥育農家は、1頭の牛を売るごとに3万円以上の損をしたということだ。

生産費のうち、約半分が肥育するために買ってくる子牛の購入代金（もと畜費）であり、3割強が飼料代である。

価格変動の影響を受けやすい経営

肉用牛肥育経営は、経済や消費動向の変化に伴う枝肉卸売価格や、生産費用の3割を占める飼料費などの変動に大きく影響される。日本の畜産は、飼料の大部分を輸入に頼る加工型畜産だ。肉用牛肥育用の配合飼料価格は2002（平成14）年から2008（平成20）年にかけて上昇傾向にあり、枝肉価格を配合飼料価格で割った交易指数は、2005（平成17）年をピークに下落の一途をたどっている（次頁）。2010（平成22）年はBSE直後の2002（平成14）年と同水準だが、2011（平成23）年はさらに悪い状況といえる。交易指数が35を超えれば安定的な経営が見込めるといわれているが、次に述べる制度などの状況によって変わる。

このように非常に厳しい状況にある牛の肥育経営であるが、なんとか肥育農家が継続して経営できるように、粗収益が生産費を下回った場合、その差額の8割を上限として交付する「肉用牛肥育経営安定のための制度」が用意されている。

大切なのは、資金を上手に回すこと

米や野菜などの農作物は、基本的に1年のうち限られた期間しか収穫できない。一方、畜産の場合は一年中畜産物を販売することができる。販売により得られる収入があるため、資金の流入は安定しており、資金繰りは容易なようにも思える。しかし、次の販売のためには素牛を買ってくる（導入する）ことが必要であり、今、飼っている牛の飼料代などの支払いもある。また、施設などへの投資額が大きいため、一定の借入金に頼らざるを得ないのも畜産経営の特徴である。借入に係る利子や元金の返済も考慮しなければならない。このように、畜産経営者には経営を管理する手腕と、それに基づく資金運用管理能力が求められる。

枝肉の卸売価格と配合飼料価格

枝肉卸売価格と配合飼料価格の推移

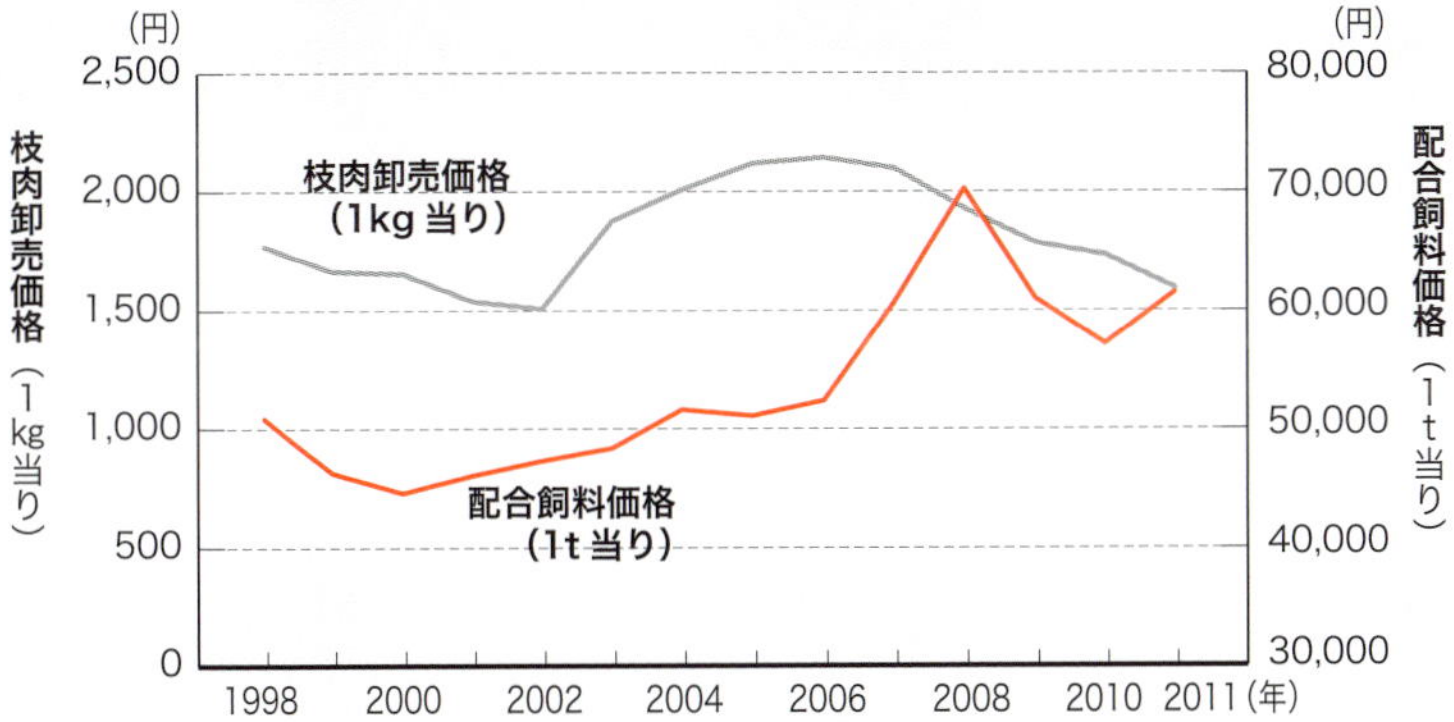

注 1. 枝肉卸売価格は農林水産省「畜産物流通統計（食肉中央卸売市場統計、去勢和牛、全国）」による
注 2. 配合飼料価格は農林水産省「農業物価指数（配合飼料農家購入価格、肉用牛肥育用）」による

交易指数の推移

注．交易指数＝1kg 当り枝肉卸売価格 ÷1kg 当り配合飼料価格

養豚経営は儲かるか

大規模化する養豚業

養豚業とは、文字通り豚を育て豚を売る仕事である。現在の日本の養豚農家は、種豚（母豚）を購入して交配し、産まれた子豚を大きくして販売する一貫経営を行う農場がほとんどである。

養豚の総産出額は5359億円（2011年）で、鹿児島、茨城、宮崎、千葉、北海道の順に多い。この5道県で全国の約4割を占める。

全体の飼養頭数は横ばいであるが、農家戸数は大きく減少してきている。つまり、1戸が飼う豚の頭数が大幅に増えている。2001（平成13）年に906頭だった1戸当りの飼養頭数は、2012（平成24）年には、1667頭となった。農場の企業化が進む一方、農場主の高齢化のために農場を廃業するケースが増えてきたためだ。

設備産業でもある

農場の規模は、千差万別である。敷地面積や作業員の人数などによって、経営規模は決まってくる。

日本で最も多い養豚経営体は、母豚の頭数が200頭以上の規模の農場だ。母豚200頭の農場であれば、母豚が1回に10頭の子豚を産むことを考えると、飼養頭数は常時4000頭を超える。

もちろん、それだけの数を飼養するとなると、様々な設備が必要となる。土地はもちろんのこと、いろいろなタイプの豚舎やふん尿処理施設、子豚のための暖房設備、自動給餌機などである。養豚業は初期投資の大きい、設備産業ともいえる。

ランニングコストにしても、決して小さくはない。とくに、コストの約7割を占める飼料費は、飼料原料である輸入トウモロコシの高騰などによって上がってきており、経営を圧迫している。

1頭当りの儲けは、わずか

一般的に豚の販売は、と畜場で行われる。生産者が出荷した豚は、と畜後に格付けされ、せりで値段をつけられる。取引きは頭、皮、内臓などを取り除いた枝肉単位で行われ、部位ごとの価格差はない。

年間の枝肉平均価格は、1キロ当り約450円。枝肉の平均重量が約70キロなので、1頭当りの価格は約3万1500円となる。農林水産省の統計によれば、豚1頭にかかるコストは2万7649円（2011年度畜産物生産費統計）。1頭当りの儲けは、4000円弱だ。したがって、ある程度のスケールが必要な産業でもある。

養豚をめぐる情勢

豚肉1kg当りの卸売価格の推移

（東京都中央卸売市場食肉市場）

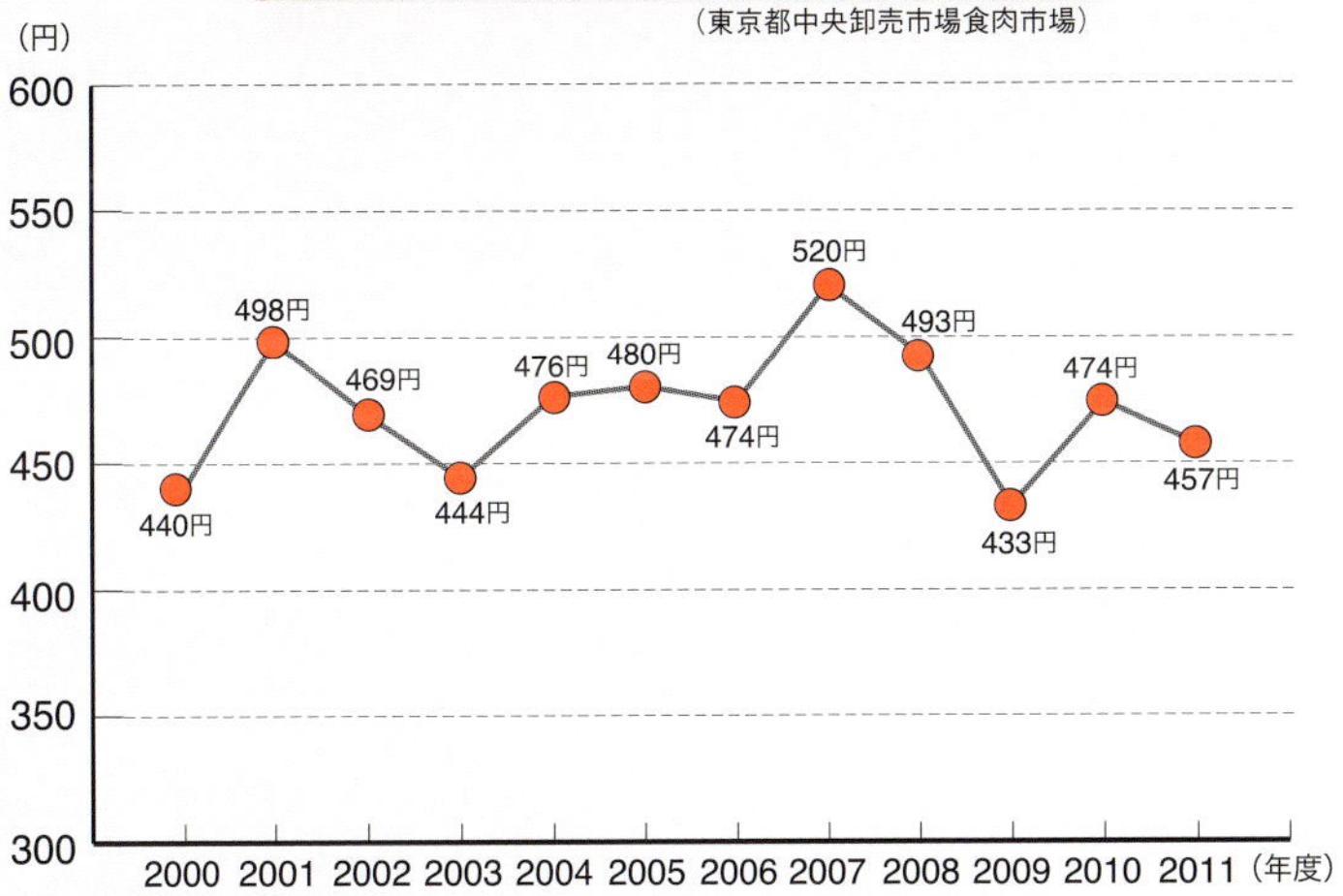

注．価格は極上・上規格の加重平均（省令価格）

（資料：農林水産省「畜産物流通統計」）

豚の飼養戸数、頭数の推移

年	1976	1986	1996	2001	2002	2003	2004
飼養戸数（戸）	195,600	74,200	16,000	10,800	10,000	9,430	8,880
飼養頭数（千頭）	7,459	11,061	9,900	9,788	9,612	9,725	9,724
1戸当り飼養頭数(頭)	38	149	619	906	961	1,031	1,095

年	2006	2007	2008	2009	2011	2012
飼養戸数（戸）	7,800	7,550	7,230	6,890	6,010	5,840
飼養頭数（千頭）	9,620	9,759	9,745	9,899	9,768	9,735
1戸当り飼養頭数(頭)	1,233	1,293	1,348	1,437	1,625	1,667

注．2005年および2010年は世界農林業センサス調査年であるため比較できるデータがない

（資料：農林水産省「畜産統計」）

養鶏経営は儲かるか

生産量は縮小傾向が続く

ブロイラー経営は養豚と同様、年々大型化がすすんでいる。2009（平成21）年の1戸当りの平均飼養羽数は約4万5000羽で、1990（平成2）年の2万7000羽から2万羽近く増加した。

同期間での全飼養羽数は1億5000万羽から1億羽程度まで、この20年間をみると減っている。ただし2000（平成12）年以降は、大きな変化はない。農家戸数は約5500戸から2400戸へと半数以下となった。

インテグレーション化のメリット

こうした現象が進んでいる要因の一つとして、総合商社や農協、大手ミートパッカーなどが中心となって、生産から食鳥処理、流通までを系列化するインテグレーション化の進展があげられる。小規模の生産者は、そうした大手からの委託を受け、契約飼養を行うケースが増えてきた。

インテグレーションはアメリカではじまったシステムで、日本には1960（昭和35）年ごろに導入された。

ブロイラー農家からみたインテグレーションのメリットは、安定的な収入が得られることだ。せりなどの場合は季節要因や景気に左右されがちだが、一定の売上額が見込めることから、経営が安定する。設備や土地の関係で農場の規模拡大がむずかしい場合も、大手の一部として出荷することで、スケールメリットを受けられる。

インテグレーションをすすめているのは商社が多い。これは、飼料や種鶏など輸入に頼る部分が多い養鶏産業を一元化するのに適しているからといえる。

養鶏は、卵にせよ鶏肉にせよ需要を上回る生産力があることから、価格が非常に低い。消費者側からみれば物価の優等生であるが、生産者の側からみれば非常に厳しい競争があることになる。そこでは、徹底したコストの削減が図られており、インテグレーション化によってスケールメリットを出すことも、ブロイラー生産にとっては重要だともいえる。

小規模農場に適する地鶏の生産

ブロイラーの生産と対極にあるのが、地鶏の生産である。1日でも早く大きくして出荷する必要があるブロイラーに対して、出荷までの日数はかかるものの、高く販売できるのが地鶏生産だ。

在来種の血液が50％残っていることと定められているため、種鶏まで国産でまかなうことになり、日本の気候風土にあった鶏の開発、よりおいしい鶏肉生産をめざしている。小規模農場でも取り組めることもメリットの一つだ。

養鶏をめぐる情勢

ブロイラーの飼養戸数・羽数

年	1970	1990	2000	2001	2002	2003
飼養戸数（戸）	17,630	5,529	3,082	2,986	2,900	2,839
飼養羽数（千羽）	53,742	150,445	108,410	106,311	105,658	103,729
1戸当り飼養羽数（千羽）	3.0	27.2	35.2	35.6	36.4	36.5
年	2004	2005	2006	2007	2008	2009
飼養戸数（戸）	2,778	2,652	2,590	2,583	2,456	2,392
飼養羽数（千羽）	104,950	102,277	103,687	105,287	102,987	107,141
1戸当り飼養羽数（千羽）	37.8	38.6	40.0	40.8	41.9	44.8

（資料：農林水産省「畜産統計」）

ブロイラー養鶏経営の農業経営収支の推移

（全国・1経営体当り）

区分	農業粗収益（千円）	農業経営費（千円）	農業所得（千円）	経営概況	
				ブロイラー販売羽数（羽）	自営農業労働時間（時間）
2004	68,472	62,799	5,673	147,620	4,052
2005	76,753	69,104	7,649	160,375	4,366
2006	79,251	71,753	7,498	167,813	4,548
2007	86,637	79,238	7,399	174,157	4,537
2008	98,763	92,911	5,852	180,494	4,948
2009	93,886	88,395	5,491	185,928	4,986
2010	95,849	90,221	5,628	191,668	4,843
2011	97,283	91,706	5,577	198,428	4,722

（資料：農林水産省「平成23年農業経営統計調査」）

スーパーのプロセスセンター戦略

センターか、インストアか

1970年代後半、スーパーの多店舗展開が軌道に乗るなか、食肉部門でもパック肉の加工工場（生鮮プロセスセンター、以下PC）を設立する動きが見られた。原料肉の商品化（パック肉製造）を集中的に行うため、設備や機器、技術者を1カ所に集め、設備の稼働率や労働生産性を上げてコストダウンにつなげるのがねらいだ。一時は有力なスーパーがこぞってPCを立ち上げ、新設ラッシュとなった時期もあった。

一方で、各店舗内のバックルーム（加工室）で原料肉からの商品化を行う、インストア加工方式を選択する企業も少なからずあった。スーパー業界では「センターか、インストアか」が熱心に議論された。それぞれのシステムのメリットは次のとおり。また、これらのメリットの裏返しが他方のデメリットともなる。

センター方式は集中生産なので、機器や技術者を分散させることがなく、コストダウンが図れる。また、店舗ごとの品質のばらつきをなくせる。

インストア方式では、売り場はすぐそこにあり、パック加工から販売までの時間が短く、鮮度劣化が少ない。また、その日の天気や売行きを見ながら柔軟な対応ができる。

一概にどちらのシステムがすぐれているとはいえず、展開する店の地域特性、技術者の育成状況、企業の基本的な販売戦略などにより、ケース・バイ・ケースでの選択ということになる。

技術革新により弱点を克服するPC

PCは、パック肉製造における技術革新の先導役ともなった。大量生産を可能にする省力化機器（スライサーやひき肉機、計量・包装・値付機など）、安全・安心を保証する鮮度管理システム、正確で迅速な受発注のための情報管理システムなどが次々と開発され、PCのデメリットとされてきた点を克服しつつある。また、鮮度管理を徹底するための夜間稼働も珍しくなくなった。各店舗からの需要にきめ細かく対応するためのもので、配送の便数を増やすなどの工夫もされるようになった。午前0時をすぎてからの夜間稼働なら、その日のうちに配送することができ、パックに貼るラベルの製造年月日を当日の日付にできる点でも有利である。

こうしたノウハウが蓄積されるなか、最近は食肉卸売業者などがPCを設立。スーパーからのアウトソーシングを新たなビジネスチャンスととらえる企業も現れている。スーパーにとっては、自前のPCを持たなくても、鮮度のいいパック肉を調達することが可能となったわけだ。こうしたことも含め、スーパーのPC戦略はさらに広がるのかもしれない。

1カ所でパック肉を製造するプロセスセンター

原料肉をスーパーのトレイパックに加工する生鮮プロセスセンターで稼働する高速スライサー

スーパーの食肉売り場。多様なトレイパックは、センター（加工工場）かインストア（店舗内加工室）で商品化される

生産獣医療とは

家畜をあつかう産業獣医師の役割

獣医師というと、最も身近なのは犬や猫などをあつかう小動物の獣医師だろう。一方で、牛や豚などの家畜を診療する産業動物獣医師もいる。彼らの重要性は、公衆衛生面などを考えると、非常に大きい。

産業動物の獣医師には、定期的に農場を巡回して家畜の健康管理、衛生指導に当たるほかにも、多くの役割がある。都道府県の機関である食肉衛生検査所（食肉処理場に併設）の職員として、出荷されてきた家畜の健康チェック、と畜後の内臓チェックなどを行う、独立行政法人の研究機関などで、病気や育種に関する研究をする、といった役割である。

農場を巡回する獣医師には、様々な組織の人がいる。都道府県の機関である家畜保健衛生所の職員のほか、農業協同組合（農協）や農業共済組合（ＮＯＳＡＩ）の職員、飼料メーカーなどに勤務する獣医師、個人の開業獣医師などである。

家畜保健衛生所は、管内農場の家畜衛生の向上、伝染病予防、家畜衛生上必要な試験や検査などを担当する。口蹄疫などの伝染病が発生した際には、家畜保健衛生所が中心となってその対応に当たる。

農協やＮＯＳＡＩの獣医師は、加盟している組合員の農場の衛生管理を行う。牛はとくにＮＯＳＡＩへの加入率が高いため、診療対象も牛が中心となりやすい。ただし、宮崎県や千葉県など養豚農家が多く、ＮＯＳＡＩへの加入率も高い地域では、豚の診療も彼らの任務だ。飼料メーカーの獣医師は、自社の飼料を購入している農場に対するサービス（有料オプションの場合もある）の一環として、衛生管理指導やコンピュータでの成績管理などを役割としている。

開業獣医師の新たな取り組み

開業獣医師は、農場と個別で契約し、一定期間ごとに農場を訪れて衛生指導を行う。一般的に、牛の獣医師は牛の診療のみ、豚の獣医師は豚の診療のみを行うといったように、家畜ごとに専門化している。

開業獣医師は、農場ごとのワクチンプログラムの作成や治療といった疾病への対応から、新たな疾病を農場に入れないための防疫指導なども行う。新しい病気が農場に入ると、経営に大きな打撃を与えることになるからだ。

また、一般社団法人日本養豚開業獣医師協会（ＪＡＳＶ）では、各会員獣医師が担当する農場から共通項目化した生産履歴を集め、それを比較するベンチマーキング事業を、（独）動物衛生研究所とともにすすめている。病気対策や衛生部門の管理のみならず、養豚場の経営分析にも一役買うような活動もとり入れ、畜産業を幅広く支援していこうとする取り組みだ。

産業動物獣医師の仕事

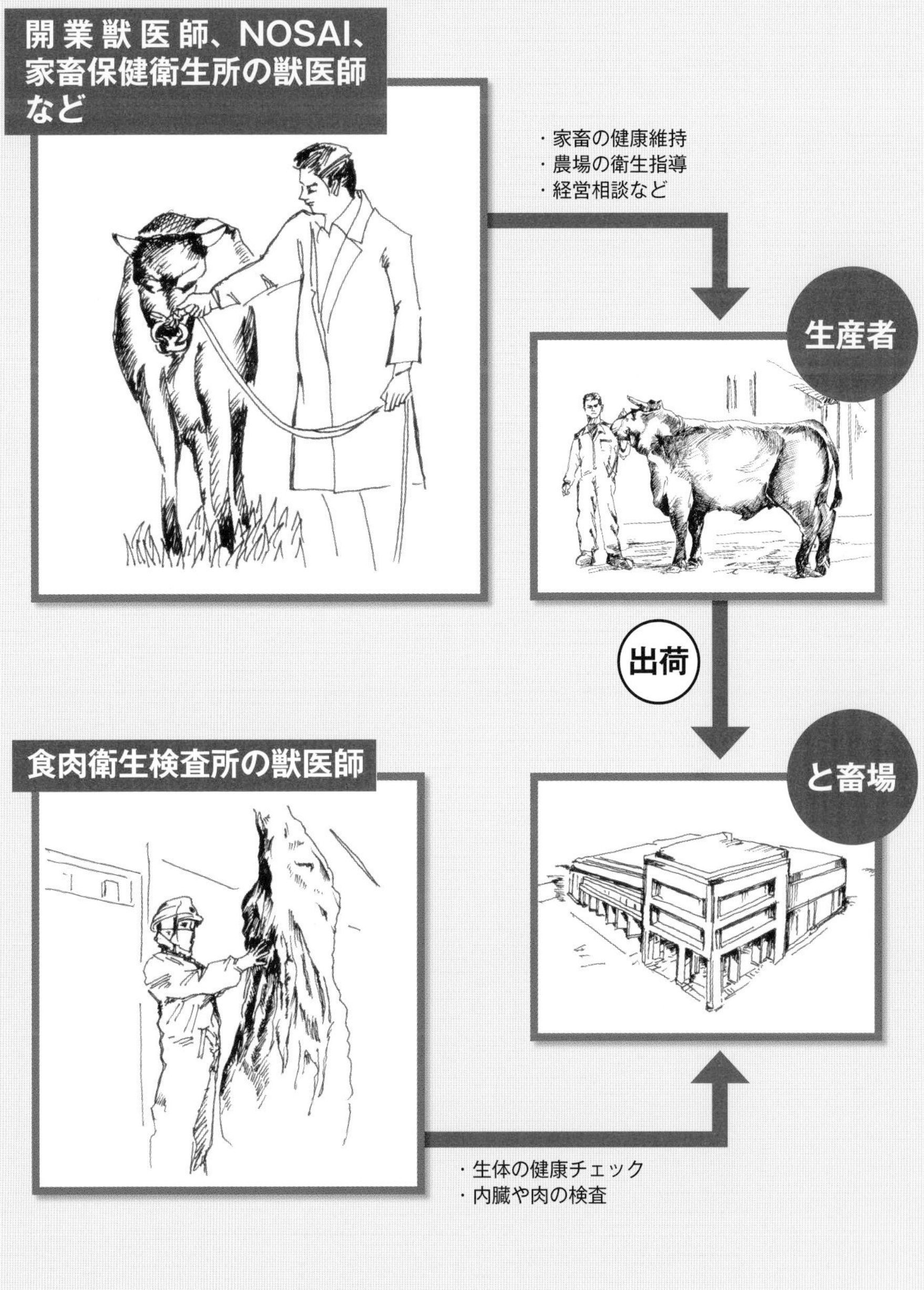
開業獣医師、NOSAI、
家畜保健衛生所の獣医師
など
・家畜の健康維持
・農場の衛生指導
・経営相談など
生産者
出荷
と畜場
食肉衛生検査所の獣医師
・生体の健康チェック
・内臓や肉の検査

外食産業の今

こだわりの食材を求める外食産業

景気の悪いときに1円でも安いものを求める消費者の傾向は、外食産業に対しても同じである。ワンコインのランチやファストフードなど、安価な店舗に人気が集まる。

一方で、消費者の食の安全性への関心が高まっており、レストランや飲食店では、産地やつくり手が明確な食材を用いる傾向が強まってきている。こうした動きの例は野菜に多いが、肉でも同様だ。国産のブランド肉のなかでも、たとえば放牧や抗生物質フリーといった飼養管理にこだわったものが、外食産業においてもメインの食材として重用される。

国産品の活用をアピール

地産地消を取り入れたり、生産者が食肉のレストランを経営しているケースもある。たとえば、最近よく見かけるのが、店の軒先に緑色の提灯を飾る緑提灯の店だ。国産の食材をどれくらい活用しているかで、提灯に描かれている星のマークを1から5まで塗りつぶして表示する。地場産品を応援している店だと、客にアピールできる。

農林水産省でも、食料自給率の向上をめざし、フード・アクション・ニッポンというプロジェクトを立ち上げ、国産の農畜産物活用の動きを支援している。外食産業は競争が激しく、できるだけコストを下げないと経営が成り立たない。そうした点から、食材も安い外国産が選択肢となりがちだ。

2006（平成18）年の調査では、国産の使用率はどの畜種も40～60％程度。逆にいえば、食料自給率向上を考える場合に、まだ開拓の余地のある部門であるともいえる。フード・アクション・ニッポンでは、年に1回「フード・アクション・ニッポン　アワード」を開催し、国産品の普及に取り組む事例を表彰しているが、そこには外食産業での取り組みも含まれている。

生産者と直接結びつく

食肉は間に卸売りを入れなければならない流通の関係から、直接生産者と結びつくことはむずかしかった。肉は肉屋さんから買うものであったからだ。しかし、トレーサビリティシステムの普及などによって、川上（生産）から川下（消費者）までの流れが単純化し、明確になってきている。

生産者の側でも、積極的に自社の肉を外食産業に売り込む動きもある。たとえば、アグリフードエキスポやFOODEX　JAPANといった展示会などを活用し、直接バイヤーやレストラン経営者に自社の食肉をアピールするといった方法だ。ただし、生産者が販売にそれほど慣れていないことや、価格の面などから、定着するにはむずかしい面もある。

外食産業における食肉の仕入れ量の原産国別割合（2006年）

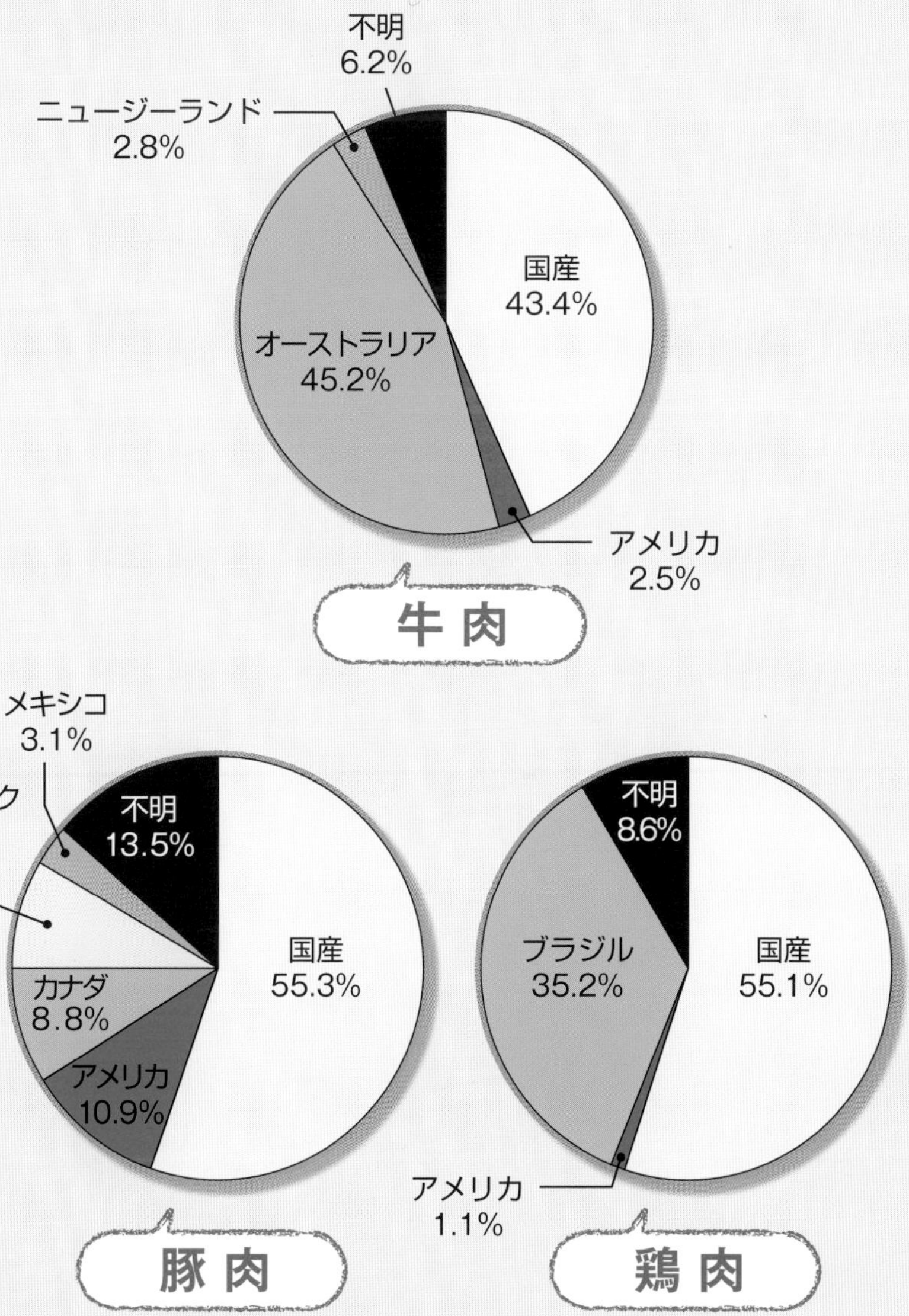

（資料：（独）農畜産業振興機構「外食産業における食肉の消費動向（2008年）」）

農場直結型レストラン

女性も活躍、地域で輝く農家レストラン

農業や畜産業といった1次産業に、2次産業（加工）と3次産業（流通・販売）を融合した6次産業化の取り組み。畜産でもさかんになってきたが、これは食肉の直売や加工にとどまらない。自ら生産した畜産物や地域の食材を用いた料理を提供する農家レストランの経営も、6次産業化の一例だ。

最近では、グリーンツーリズムや地産地消の普及に伴い、その数も増加してきた。直売所と同様、農村女性が活躍できる場所にもなり、地域社会に与える影響も大きい。

15名超の雇用を生み出す

静岡県浜松市の「とんきぃ」代表の鈴木芳雄さんは、1968（昭和43）年に養豚をはじめ、飼料の共同購入や法人化に取り組んできた。1989（平成元）年に従来の規模拡大路線を方向転換し、自家産豚肉の販売や、食肉加工品の製造・販売を展開。2001（平成13）年には直売店舗を改修し、翌年にレストランを開店した。トンカツを中心としたメニューに加え、焼肉やしゃぶしゃぶも提供している（夜の会食限定）。2009（平成21）年には、地場農産物とハム・ソーセージをより多く味わってもらおうと、隣接地にバイキングスタイルの農家レストランをもう1店舗開店した。養豚経営の一環として食肉加工・直売店舗、さらに2つの農家レストランを経営し、15名超の雇用を生み出している。

地域や経営形態によって多様な展開

肉用牛の例では、宮城県登米市の千葉忠畜産がある。和牛生産が盛んな地域でありながらその肉を食べられる店が少なく、和牛のおいしさをもっと知ってもらおうと考え、2008（平成20）年より夫妻で焼肉店も経営している。提供価格を抑えるために、遊休の旧住宅を改築して活用。改装などに要した費用は約240万円（当時）に抑えた。

また、山口県萩市のみどりやは、牛舎のあった地域が住宅専用地域に指定されたのをうけ、牛舎跡地に直売店と焼肉店を展開。その後、食肉加工品の製造施設も整備している。

肉用牛繁殖経営グループが直売所とレストランを共同経営しているのは、大分県豊後大野市の里の駅「ふれあい交差点」。飼養技術の研修や相互互助活動に取り組んでいた肉用牛相互扶助組織が、地域の小学校の閉校を契機に住民から出資を募り、2003（平成15）年に直売所を開店させた。地元でとれたシイタケ、有機米、野菜や、町の肥育センターで育てた牛の肉のほか、コロッケなどの惣菜も並んでいる。中山間地ではあるが、県道が交わる交通の要所にあり、昼定食や丼ものも人気がある。

生産から販売までを行う６次産業化

静岡県浜松市のミートレストラン「とんきぃ」

バイキングスタイルのレストランには、地場産の農産物を使った料理やハム・ソーセージなどが数多く並ぶ

６次産業化を行っている事業体数と１事業体当りの販売金額（平成 23 年）

区分	農産物加工場（農業経営体）	農産物直売所（農業経営体）	観光農園	農家レストラン	農家民宿	農産物加工場（農協等）	農産物直売所（農協等）
事業体数	28,800	12,600	8,810	1,350	1,960	1,040	10,380
販売金額（万円）	938	816	427	1,472	288	48,894	6,649

（資料：農林水産省「農業・農村の 6 次産業化総合調査結果（平成 23 年結果）」）

農家レストランの年間販売金額別割合（平成 23 年）

500 万円未満	500 ～ 1000 万円未満	1000 ～ 5000 万円未満	5000 万円以上
50.1%	22.8%	20.4%	6.6%

（資料：農林水産省「農業・農村の 6 次産業化総合調査結果（平成 23 年結果）」）

食肉の輸入

かつては90％以上が国内産だった

食肉の需給は、増えていく需要に国内生産が追いつかず、不足分を輸入でカバーしているのが現状だ。農林水産省の食料需給表によると、肉類（鯨肉を除く）の自給率は、1965（昭和40）年ごろまでは90％台を維持していたが、1975（昭和50）年度77％、2000（平成12）年度52％と低下傾向が続いた。その後はやや上昇しているものの、2011（平成23）年度は54％と6割を下回っている。

国内の畜産業が諸課題を抱えて、急な増産ができない状況にあるだけに、輸入ビジネスは衰えることはなさそうだ。

牛肉の輸入シェアを変えた日米牛肉交渉とBSE

牛肉は、かつて供給量の約90％を国内生産が占めていた。それが日米牛肉交渉を契機に輸入のシェアが拡大する。第1次交渉（1977〜78年）と第2次（1982〜83年）で輸入枠が拡大され、第3次交渉（1988年）では、1991（平成3）年からの自由化（輸入枠の撤廃と関税率の引き下げ）が決定した。これに伴い、牛肉輸入量は増加し、焼肉のブームもあって2000（平成12）年度は74万トンと輸入記録を更新した。

その後、日本国内でのBSE（牛海綿状脳症）発生（2001年）により牛肉の消費量は、国産牛、輸入牛とも大幅に落ち込んだ。さらに米国でのBSE発生により、米国産牛肉の輸入が2003（平成15）年12月から停止され、輸入量は約45万トン前後にまでなった。

2005（平成17）年12月に米国産牛肉は20カ月齢以下という条件で解禁されたものの、十分な数量の確保が困難なことから、2009（平成21）年までは豪州産を中心とし45〜47万トンの輸入にとどまった。

輸入牛肉の国別シェア争いは激化する？

米国産は、徐々に現地で20カ月齢以下の生体牛集荷に慣れたこともあり、輸入量は年々増加している。一方、豪州産牛肉は豪ドル高、生体高もあり、競争力を失いつつある。米ドル安の追い風もあり、2010（平成22）年度の米国産牛肉輸入量は10万トンに迫り、輸入量全体でも51万トンと7年ぶりに50万トン台に乗った。

さらに、日本政府は2013（平成25）年2月1日から米国などから輸入を認める牛の月齢をそれまでの「20カ月以下」から「30カ月以下」に拡大した。この規制緩和で米国から牛丼用バラ肉や焼肉用の牛タン、サガリ、ハラミなどの内臓肉輸入が増える見込みだ。

肉類の自給率と牛肉の供給量の推移

肉類の自給率（重量ベース）の推移

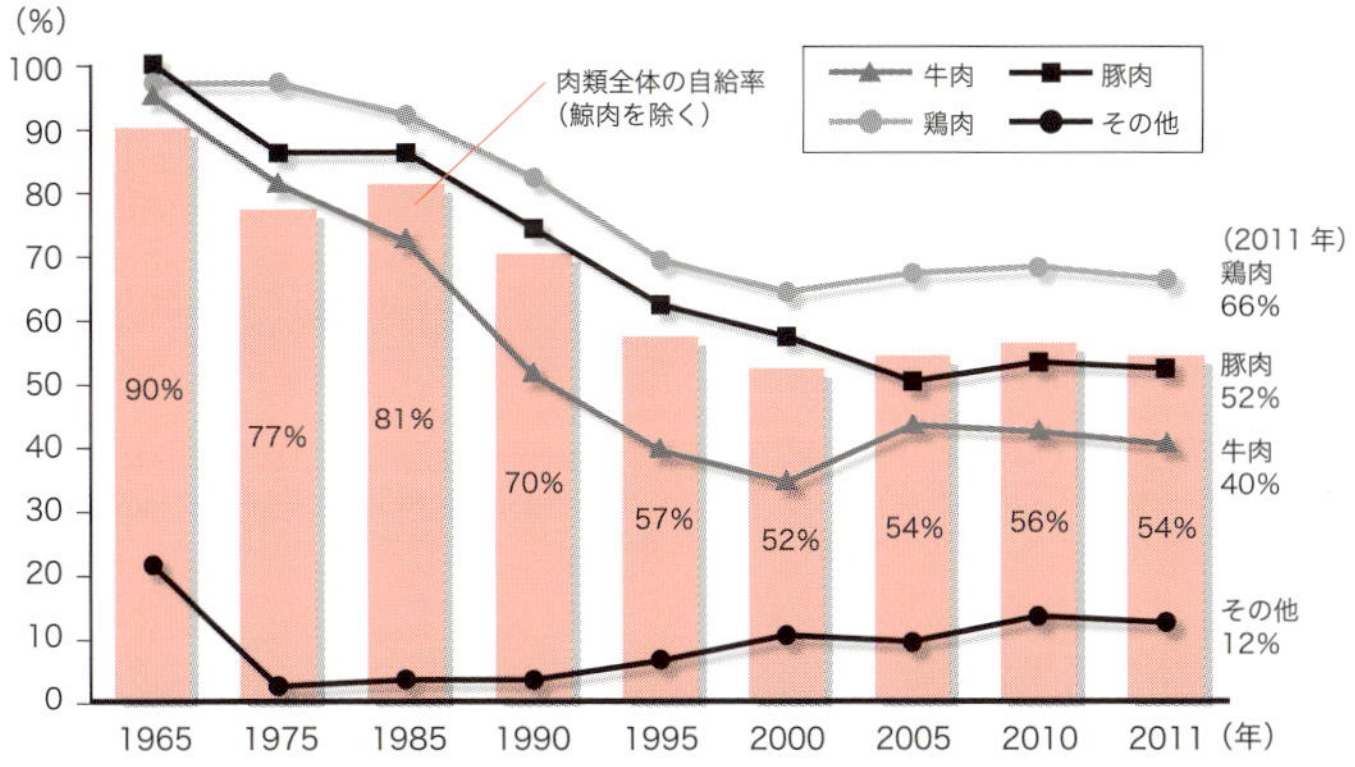

注．その他は馬、めん羊、山羊、うさぎの肉　　（資料：農林水産省「食料需給表」）

牛肉の供給量の推移

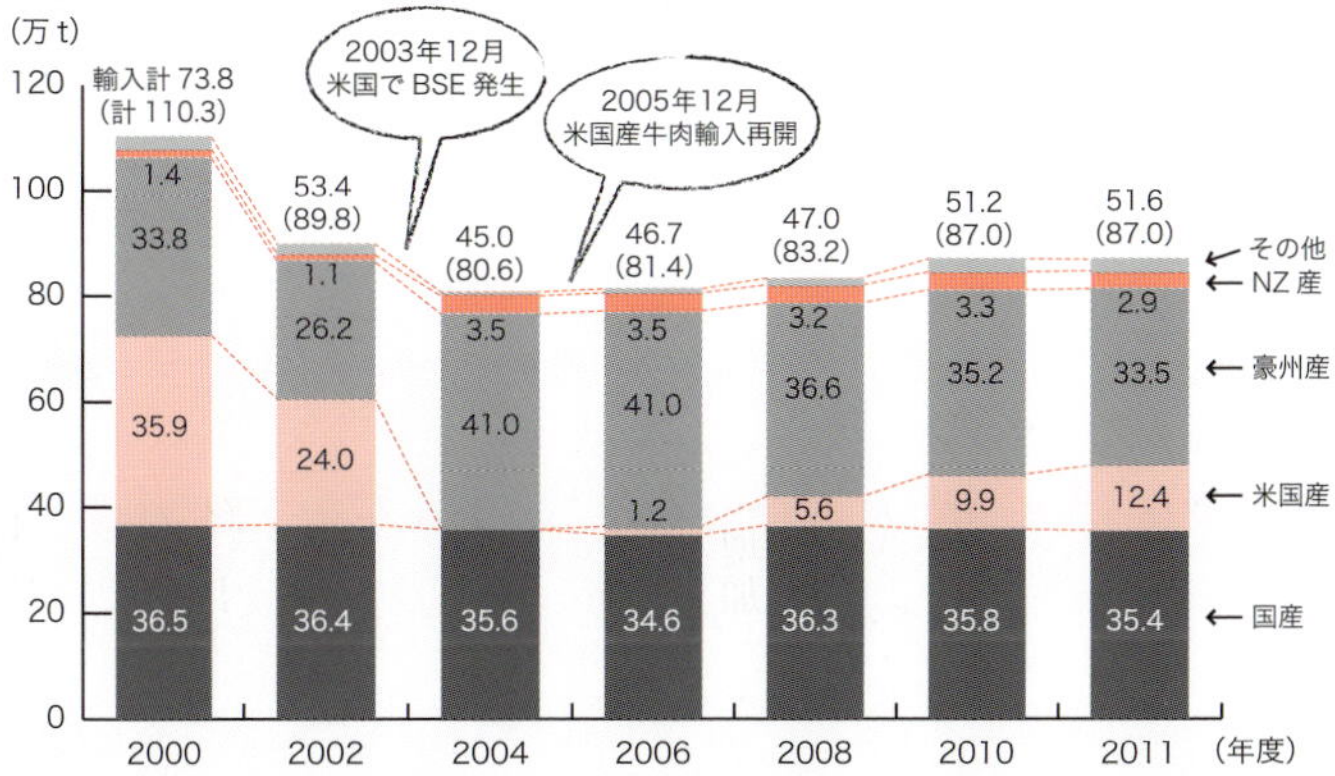

（資料：農林水産省「畜産・酪農をめぐる情勢（平成 25 年）」）

食肉の輸出

２００６年から伸びはじめた食肉の輸出量

スーパーなどには、アメリカ産やニュージーランド産、オーストラリア産など、多くの輸入肉が並んでいる。国産の和牛より安く、家計にとっては助かる。一方で、和牛を海外に輸出しようという動きもある。

このプロジェクトは１９９５（平成7）年ごろからスタートしたが、当初、輸出量は伸びなかった。輸出が横ばい状態だった２００１（平成13）年に、香港を中心としたＢＳＥ（牛海綿状脳症）が発生。アメリカなどへの輸出は禁止となったが、もともとアメリカへは輸出していなかったことから大きな影響はなかった。アメリカ、カナダへの輸出再開は、２００５（平成17）年12月。翌年の２００６年から、輸出量は大きく伸びはじめた。

厳しい管理が求められる和牛輸出

和牛を輸出したいといっても、すぐにできるわけではない。生産農場からと畜、流通まで、一貫した管理が必要となる。まず、生産者は事前に都道府県知事へ登録しなければならない。登録のためには、飼養体系などを記録したり、厚生労働省の輸出認定を受けた食肉処理施設に出荷する必要がある。

と畜場は、前もって輸出スケジュールを食肉衛生検査所に提出するなどの手続きが必要になる。また、と畜後の加工、箱詰めなどを食肉衛生検査員の立ち会いのもとで行うなど、厳しい管理が求められる。その後、検疫や通関などを受けて輸出される。

口蹄疫発生や東日本大震災の影響も

２０００（平成12）年には70トンだった輸出量は、２００８（平成20）年には５５０トンと、約9倍に伸びた。この大幅な伸びは２００５（平成17）年の輸出再開後、アメリカへの輸出量が増えたことに加え、東南アジアへの輸出量も伸びたことによる。

日本でも価格の高い和牛の購買層は高級レストランなどであり、輸出にあたっても、当初はアメリカへの売り込みを目標としていた。中国の好景気などによって、香港、マカオ、シンガポールなどのレストランでも徐々に利用されるようになった。

その後、２０１０（平成22）年に宮崎県で発生した口蹄疫により、口蹄疫清浄国であるアメリカなどへの輸出が禁止となったが、２０１２（平成24）年8月には再開している。その間、２０１１（平成23）年3月に発生した東日本大震災の影響もあり、日本全体としての輸出量はやや減少した。

日本が誇る和牛の輸出

日本の牛肉は海外でも「WAGYU」として売られており、人気が高い

牛肉の輸出量の推移

年度	2007		2008		2009	
	国名	数量（kg）	国名	数量（kg）	国名	数量（kg）
冷蔵牛肉	アメリカ	131,625	香港	101,136	香港	113,620
	香港	81,461	アメリカ	86,000	アメリカ	77,750
	ベトナム	2,464	ベトナム	2,740	シンガポール	25,984
	その他	1,873	その他	3,516	その他	7,967
	合計	217,423	合計	193,392	合計	225,321
冷凍牛肉	ベトナム	118,486	ベトナム	335,740	ベトナム	430,884
	マレーシア	3,552	香港	11,493	マレーシア	7,431
	香港	2,441	マレーシア	4,380	香港	5,176
	その他	2,689	その他	5,671	その他	6,479
	合計	127,168	合計	357,284	合計	449,970

年度	2010		2011		2012（4－2月）	
	国名	数量（kg）	国名	数量（kg）	国名	数量（kg）
冷蔵牛肉	香港	191,975	香港	141,278	香港	178,643
	シンガポール	18,825	シンガポール	38,058	シンガポール	49,760
	マカオ	17,883	マカオ	8,352	アメリカ	38,144
	その他	5,813	その他	1,418	その他	21,645
	合計	234,496	合計	189,106	合計	288,192
冷凍牛肉	マカオ	97,834	カンボジア	236,457	カンボジア	225,305
	カンボジア	70,272	マカオ	89,358	ラオス	147,626
	ベトナム	59,997	香港	34,281	香港	92,615
	その他	35,534	その他	31,091	その他	109,997
	合計	263,637	合計	391,187	合計	575,543

（資料：財務省「貿易統計」）

食肉の検定～肉のプロに近づく～

「お肉検定」が2012年にスタート

生産から流通、消費、調理に至るまで、身近な食材である食肉の知識を消費者に深めてもらいたい。そうした思いから、食肉の生産、流通、小売り、研究などに携わる11団体（全農や全国食肉事業協同組合連合会、全国食肉学校など）が協力して全国食肉検定委員会を立ち上げ、2012（平成24）年に「お肉検定」をスタートさせた。受検資格は「お肉に興味のあるかたならどなたでも」（同委員会）。1級、2級が設けられており、年に1度、全国4カ所（東京、名古屋、京都、福岡）で試験を行って合否を判定する。100点満点中80点以上が合格。合格者には「お肉博士」の称号が授与される。受検料は1級6300円、2級4200円。

生産や流通面など幅広く関心をもってもらいたい

高級レストランからB級グルメ、家庭の食卓に至るまで、欠かすことのできない食材となっている食肉だが、その生産や流通の実態などは、これまで一部の食肉産業に携わる人々以外にはあまり知られてこなかった。日本はもともと肉食の歴史が浅いことに加え、昭和40年代あたりまでは「みんなが貧乏」だった時代。肉はいわばぜいたく品で、広く大衆的に食べられるようになったのはここ30年くらい、という事情がその背景にある。現在では、誰もが日常的に口にできる食材となったが、一方で、BSE（牛海綿状脳症）の発症例や産地・等級・部位などの表示偽装など、消費者の安全・安心を脅かすような問題が起きたことは記憶に新しい。

こうしたこともあり、食肉に対する安全・安心への関心が高まっているなか、発足したのが、この「お肉検定」。牛肉、豚肉、鶏肉などのいわゆる「お肉」だけでなく、ハムやソーセージなどの食肉加工品、内臓肉なども含めた食肉の生産、製造、処理、加工、流通、消費など幅広い側面に関心をもってもらおうというのがねらいだ。食肉の適切な取り扱い方、部位の特徴や用途なども知って調理の幅を広げてもらうことで、最終的には消費拡大につなげることをめざしている。

「お肉博士」は狭き門？

2013（平成25）年2月に第1回の試験が行われ、合格者が発表された。受検者数は1級、2級あわせて1231人、うち合格者は566人。合格率は約50％であり、「お肉博士」への道は狭き門といえそう。問題は、豚の品種による体型的な特徴を問うものや、写真を見てどの部位かを答える問題、「和牛交雑種」の意味、豚の部位でビタミンが多いのはどこかなど、高度な知識を要求されるものも多かったようだ。

「お肉検定」とは

お肉博士１級

食肉の製造技術や食肉の品質・衛生管理、部位の名称・特性など食肉に関して一歩踏み込んだ、お肉博士２級に比べてより専門的で、食肉の知識をもっと深めたい人を対象とする。

また、食肉関連の仕事に携わっている人にも基本的な知識として知ってもらいたい内容が盛り込まれている。

お肉博士２級

食肉の製造過程や食肉の表示、栄養、調理など食肉文化を支える食肉の知識を広げる入門編。

食肉と親しみ、食肉への興味をもっと深めたい人を対象とする。

合格者にはお肉博士１級、お肉博士２級の称号が授与される。

試験科目

1. 家畜の生産及び食肉の製造
2. 食肉の流通・小売・消費
3. 食肉の加工品
4. 食肉の衛生と品質
5. 食肉の栄養と調理

出題形式および試験時間

1. 試験科目のなかから100問出題。
   問題形式は、○×式並びに５者及び３者択一式
2. 試験時間は１級、２級ともに60分間
3. 合格基準は100点満点で80点以上

（2013年4月現在）

詳細はホームページ
（http://www.nikuken.com/）を
チェック！

畜産分野の6次産業化

●加工・流通販売との一体化

6次産業化の取り組みとは、第1次産業と第2次・3次産業の融合などによって新しいビジネスを展開すること。つまり、第1次産業である農業が消費者・実需者のニーズに対応した加工（第2次産業）・流通販売（第3次産業）と一体化して、経営の多角化・高度化を図ることをいう。1×2×3＝6というわけだ。東京大学名誉教授の今村奈良臣氏が提唱した。

その代表が農産物直売所。2010年9月現在、農産物直売所数は1万6824であり、5年前に比べて3286（24%）も増加している。これはコンビニエンスストア最大手であるセブン-イレブンの店舗数1万5072店（2013年2月末）を上回っている。農林水産省によると、農産物加工や直売所など農業の6次産業に従事する人の総数は23万8600人にのぼり（2012年10月）、その市場規模は1兆4400億円と推定している。

●養豚における6次産業化

農業6次産業化への農業者・消費者の意識調査（2012年3月）によると、食肉生産者である養豚農家や肉牛農家が6次産業化に取り組んでいる割合は30～40%程度と低い。果物、米、野菜などと比較して、と畜という自ら処理できない過程があり、その後の加工・販売も一定の技術を要することが理由とされている。さらに設備資金の調達、人員の確保など、解決すべき様々な課題がある。

とはいえ、飼料価格の高騰や卸売価格の低迷などから先行き不透明感が強まっている畜産業界。この解決策として、6次産業化への取り組みが活発化しており、とくに養豚における先進的な事例がめだつ。

自社生産のブランド豚肉の直売にとどまらず、卸売、ネット販売、さらに加工品の製造・販売、レストランの運営、イベントの実施など様々だ。経営規模の大小に関係なく、6次産業化の取り組みは続きそうだ。

養豚農場直営の精肉、ハム・ソーセージ店

牛枝肉の格付判定時に使われる脂肪交雑基準(B.M.S)

（写真提供：（公社）日本食肉格付協会）

等級３　標準のもの

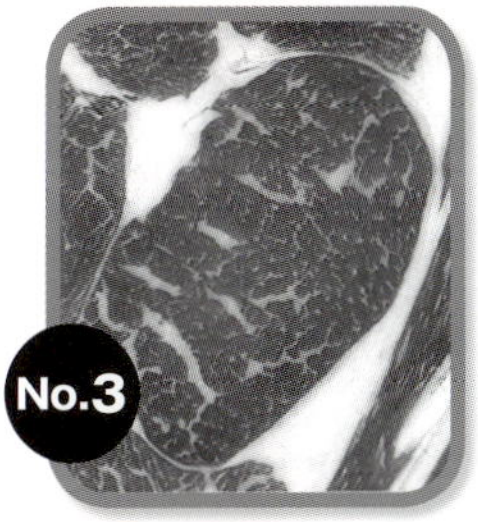

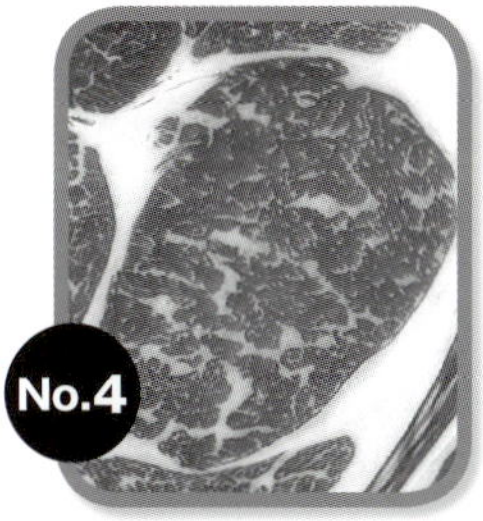

等級４　やや多いもの

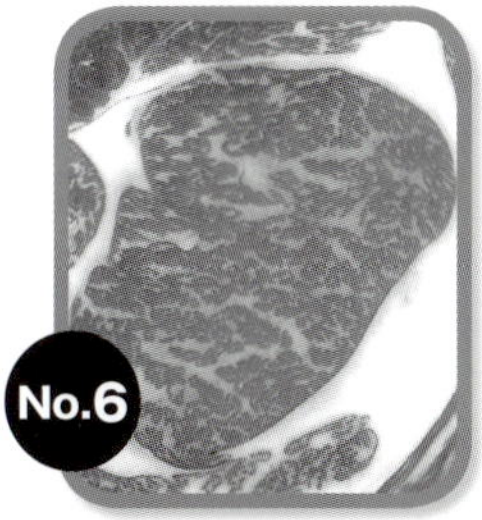

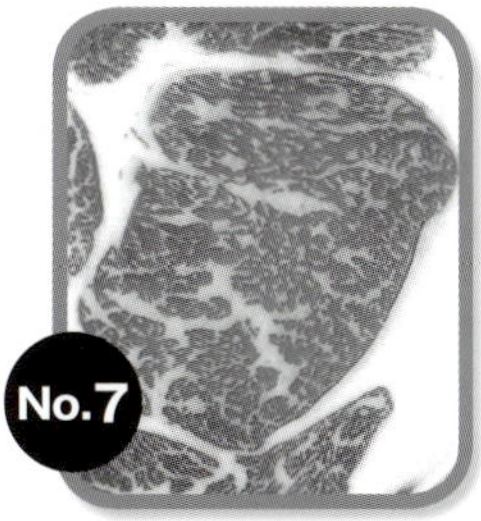

等級５　かなり多いもの

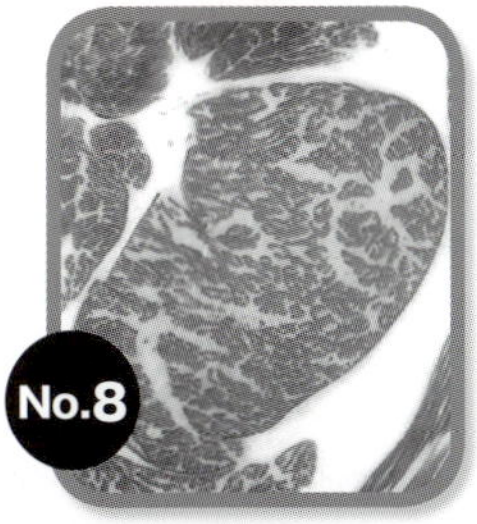

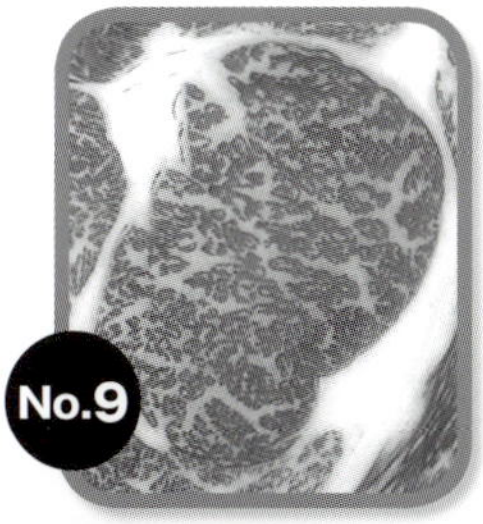

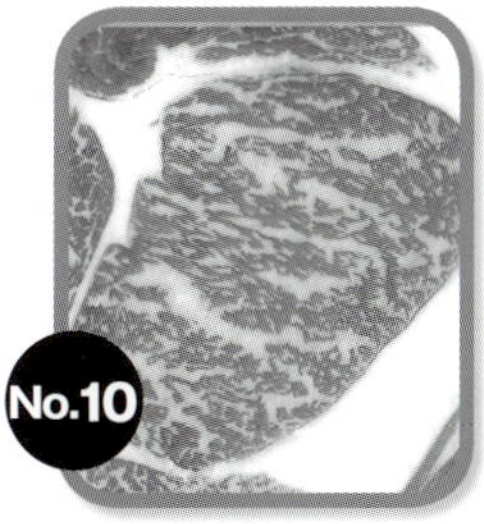

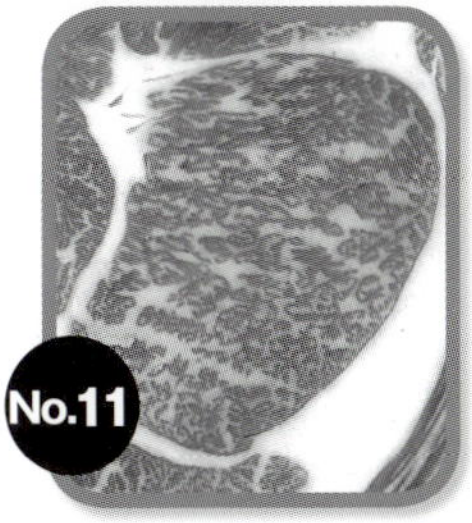

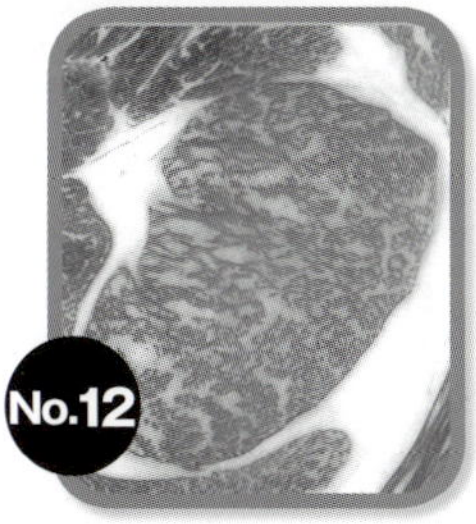

注．B.M.S. No.1 は脂肪交雑の認められないもの。B.M.S. No.2 は No.3 に満たないものであるため基準となる写真は作成していない。

スーパーなどで買うときの、肉を見分けるポイントを紹介する。牛、豚、鶏全体にいえることは、パックの底に肉汁が流れ出ていないものを選ぶこと。肉汁は鮮度を見極める重要なポイントだ。

モモ

赤身が小豆のような色をしており、色むらのないものがおいしい。グレーがかっているものは鮮度が落ちてきている。

牛肉

牛肉は暗い赤色をしているものが新鮮。色が鮮やかすぎるものは、空気に触れてすでに酸化がはじまってしまっているもの。そこからさらに時間がたつと全体的に黒ずむ。

サーロイン

脂肪が乳白色をしているものが良質。サシができるだけ細かく、霜降り状に入っているものにしよう。

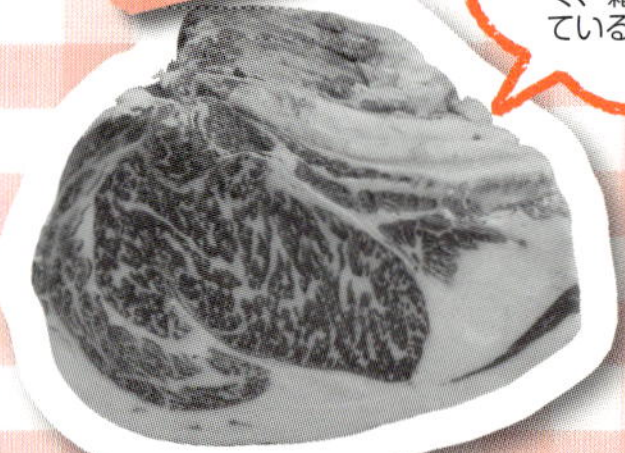

脂肪と赤身がきれいな層になっているものがよい。脂肪に肉汁がにじみ、赤味がかっているものは鮮度が落ちている。

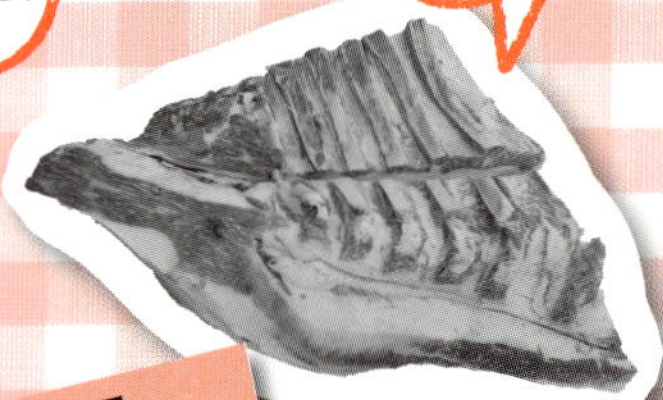

バラ

手羽

肉が適度についており、淡いピンク色をしているものがおいしい。皮の表面が乾いているものは新鮮ではない。

表面につやがなく、粘りがあるものはだめ。つやがあり、色がクリームがかっているものを選ぼう。

ササミ

よい肉の見わけ方

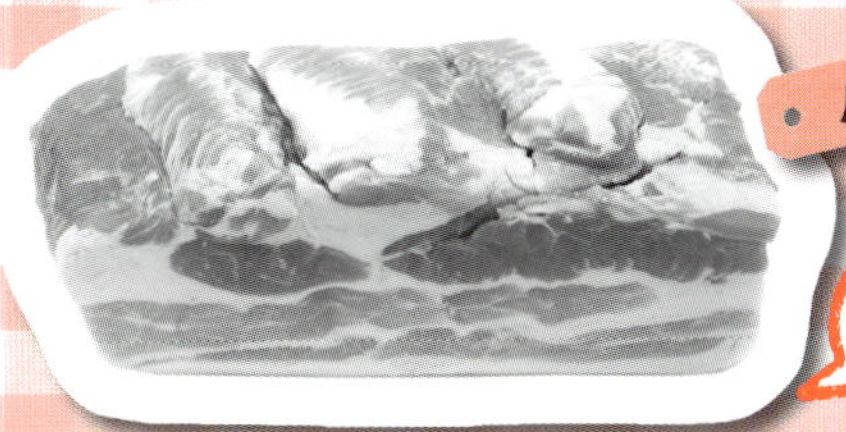

バラ

三枚肉の名のとおり、赤身と脂肪の部分が層になっている。この層がきれいに分かれているものを選ぼう。

豚肉

ロースやバラなどの場合、味を決めるのは脂肪。きれいな白色をしているものがよい。

ロース

断面をみて、赤身に細かくサシが入っているもの、つまり霜降り状になっているものはうま味が多い。

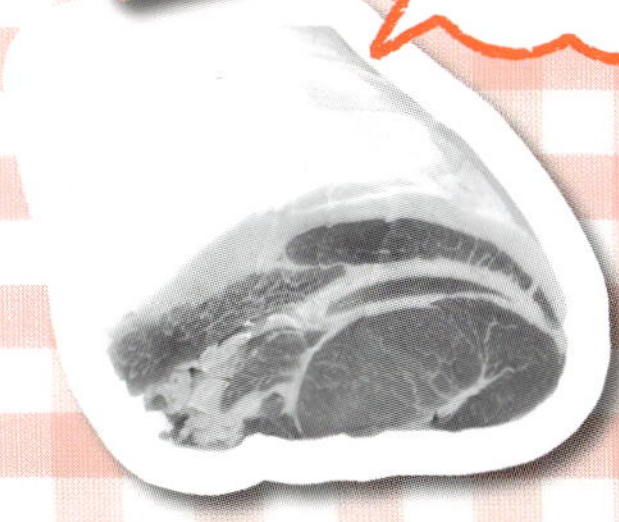

ヒレ

赤身の色がきれいなピンク色をしているものが新鮮。グレーがかってしまっているものは鮮度が落ちてきているもの。

鶏肉

牛、豚よりも鮮度が重要。できればその日に使い切る分だけを買うようにしよう。

モモ

皮に透明感があり、表面のぶつぶつが盛り上がっているのが新鮮な肉の証し。肉は赤味が強いものがよい。

食肉のことを調べるときに役立つサイト

畜産 ZOO 鑑
（公益社団法人　中央畜産会）

http://zookan.lin.gr.jp/kototen/index.html

国産牛肉でイキイキ生活
（公益財団法人　日本食肉消費総合センター）

http://jbeef.jp/

サイボク　ぶた博物館
（株式会社　埼玉種畜牧場・サイボクハム）

http://www.saiboku.co.jp/museum/

もっとチキンが好きになる　チキンの里
（一般社団法人　日本食鳥協会）

http://www.j-chicken.jp/

食肉のことがわかる博物館

お肉の情報館

住所：東京都港区港南 2-7-19
TEL：03-5479-0651
URL：https://www.shijou.metro.tokyo.lg.jp/syokuniku/rekisi-keihatu/rekisi-keihatu-03-01/

東京都中央卸売市場・芝浦と場内にある、食肉市場、と場の業務や役割を紹介する施設。枝肉や各部位の模型、と畜に使用する道具などが展示されている。

東京農業大学「食と農」の博物館

住所：東京都世田谷区上用賀 2-4-28
TEL：03-5477-4033
URL：http://www.nodai.ac.jp/campus/facilities/syokutonou/

「見る・聞く・触る」をコンセプトにした体験型博物館として、東京農業大学の研究成果や資料を公開している。国内外の様々な品種の鶏の剥製や、鶏をモチーフにした工芸品などが展示されている。

奥州市牛の博物館

住所：岩手県奥州市前沢字南陣場 103-1
TEL：0197-56-7666
URL：http://www.isop.ne.jp/atrui/mhaku.html

「牛と人との共存を探り、生命・自然・人間を知る」をテーマにした牛の専門博物館。生きものとしての牛、人との関わりのなかの牛、産業としての牛の 3 つの分野から展示を行っている。

日本食研世界食文化博物館

住所：愛媛県今治市富田新港 1-3
TEL：0898-47-2281（見学予約・問い合わせ専用）
URL：http://www.nihonshokken.co.jp/enjoy/

調味料やハム・ソーセージの製造、販売を行っている日本食研の本社にある観光施設。世界の食文化の歴史や食材、調理道具などの展示品とともに、ハムやソーセージなどの製造ラインの見学をすることができる。見学には事前の予約が必要。

※開館日・時間、入場料などは各施設にお問い合わせください。

参考文献

ヴィットインターナショナル企画室編『マンガ　食肉にかかわる仕事』ほるぷ出版、2010
沖谷明紘編『肉の科学』朝倉書店、1996
押田敏雄『Dr. オッシーの　意外と知らない畜産のはなし』中央畜産会、2012
講談社編『目利き・味利き　にく・たまごの本』講談社、1988
小清水正美編・ヒロミチイト絵『つくってあそぼう　保存食の絵本④』農文協、2012
小寺裕二『イノシシを獲る－ワナのかけ方から肉の販売まで』農文協、2011
齋藤忠夫・根岸晴夫・八田一編『畜産物利用学』文永堂出版、2011
実業之日本社編『知っておいしい　肉事典』実業之日本社、2011
永幡肇ら編『獣医衛生学』文永堂出版、2005
畑田勝司監修、ミートジャーナル編集部編『牛枝肉の分割とカッティング』 食肉通信社、1996
松井賢一他『うまいぞ！シカ肉－捕獲、解体、調理、販売まで』農文協、2012
山根一郎『日本の自然と農業』農文協、1974

『畜産コンサルタント 2012 年 12 月号』（特集・畜産物のおいしさ大研究）中央畜産会
『新　食肉がわかる本』日本食肉消費総合センター、2001
『食肉加工品の知識』日本食肉協議会、2009
『牛肉の魅力』日本食肉消費総合センター、2010
『畜産副生物の知識』日本食肉協議会、2011
『お肉のＱ＆Ａ　改定版』全国食肉公正取引協議会、2012
『食肉が分かる Q&A』日本食肉消費総合センター、2012

家畜改良センター（http://www.nlbc.go.jp/index.asp）

東京都中央卸売市場食肉市場・芝浦と場
（http://www.shijou.metro.tokyo.lg.jp/syokuniku/）

日本食肉協議会（http://www.nisshokukyo.com/）

日本食肉格付協会（http://www.jmga.or.jp/）

日本食肉流通センター（http://www.jmtc.or.jp/）

監修者プロフィール

西村 敏英< Nisimura Toshihide >

日本獣医生命科学大学教授、農学博士

『最新畜産物利用学』(朝倉書店)、『タンパク質・アミノ酸の科学』(工業調査会)など著書多数

1954年生れ

1979年　東京大学農学部農芸化学科卒

1984年　東京大学農学系研究科博士課程修了

日本学術振興会奨励研究員

1985年　東京大学農学部助手

1994年　広島大学生物生産学部助教授

2000年　広島大学生物生産学部教授

2008年　日本獣医生命科学大学応用生命科学部教授

■撮影協力（順不同・敬称略）

東京都港区港南・(株)丸全

群馬県伊勢崎市・(株)クリマ（栗原守／栗原大）

■写真提供（順不同・敬称略）

JA全農広島／秋田県農林水産部畜産振興課／小倉隆人／おばま由紀／鹿児島県地鶏振興協議会／（独)家畜改良センター／倉持正実／塩田佐和子／近田康二／千葉寛／（一社)農山漁村文化協会／北海道十勝家畜保健衛生所／森田久雄

■執筆：チーム「成」（ナル）
長年、農業農村および食の現場を広く取材してきたライター・カメラマン・編集者と、それに指導協力してきた試験研究者の有志集団（代表・近田康二）。

装丁・デザイン　TYPE零（株）國田誠志　尾関俊哉
表紙デザイン　西岡啓次
イラスト　國田誠志

すぐわかる　すごくわかる！
ゼロから理解《りかい》する 食肉《しょくにく》の基本《きほん》
家畜《かちく》の飼育《しいく》・病気《びょうき》と安全《あんぜん》・流通《りゅうつう》ビジネス　NDC 640

2013年5月31日　発　行
2021年2月25日　第2刷

監　修　西村敏英《にしむらとしひで》
発行者　小川雄一
発行所　株式会社　誠文堂新光社
〒113-0033　東京都文京区本郷3-3-11
（編集）電話 03-5800-5779
（販売）電話 03-5800-5780
https://www.seibundo-shinkosha.net/

印刷所　星野精版印刷　株式会社
製本所　和光堂　株式会社

ISBN978-4-416-71325-9